BIANJI YU BANSHI SHEJI

编辑与版式设计

主　编　王　娜　师　谦

副主编　王晓翠　周　颖

李延杰　杜　川

微信扫码 绑定资源
刮涂层 获取学习卡号

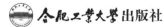
合肥工业大学出版社

图书在版编目(CIP)数据

编辑与版式设计/王娜,师谦主编. —合肥:合肥工业大学出版社,2023.10

ISBN 978 - 7 - 5650 - 6361 - 9

Ⅰ.①编… Ⅱ.①王… ②师… Ⅲ.①版式—设计 Ⅳ.①TS881

中国国家版本馆 CIP 数据核字(2023)第 193753 号

编辑与版式设计

王 娜 师 谦 主编   责任编辑 赵 娜 汪 钵

出　版	合肥工业大学出版社	版　次	2023 年 10 月第 1 版
地　址	合肥市屯溪路 193 号	印　次	2023 年 10 月第 1 次印刷
邮　编	230009	开　本	787 毫米×1092 毫米　1/16
电　话	理工图书出版中心：0551 - 62903004	印　张	15
	营销与储运管理中心：0551 - 62903163	字　数	319 千字
网　址	press.hfut.edu.cn	印　刷	安徽联众印刷有限公司
E-mail	hfutpress@163.com	发　行	全国新华书店

ISBN 978 - 7 - 5650 - 6361 - 9   定价：48.00 元

如果有影响阅读的印装质量问题,请与出版社营销与储运管理中心联系调换。

前　言

对于学习平面设计和喜爱平面设计的人来说，版式设计或者说排版是一项十分重要的技能，也是一项基础技能。版式设计在平面设计中起到了承上启下的作用，它既要求设计师能够借助平面构成原理综合地运用图、文字、色彩等版面元素巧妙构图，又为设计师逐步向具体的平面设计（如名片设计、海报设计、书籍设计、宣传页设计等）方向渗透提供了基础平台。可以说，任何一种可视的信息界面和载体的呈现都离不开对版式的布局和美化。

Adobe InDesign 软件功能强大，易学易用，深受图形图像处理爱好者和平面设计人员的喜爱。

本书展示的是编者在教学过程中搜集、整理的有关版式设计的相关内容和技巧，以及有关版式设计的原则和规律在排版过程中的应用。本书编写的目的：一方面，希望能够为学习版式设计和喜爱版式设计的人提供系统的版式设计知识框架和知识点；另一方面，能够以简明、清晰、生动、务实的案例形式让 Adobe InDesign 的学习和排版制作更加轻松高效。

为了帮助读者快速掌握版式设计的方法，深刻领会视觉表现与功能实现的关系，本书立足于实际应用，以任务实例串讲知识点的方式，详细解析版式设计各领域页面的设计思路、设计方法与技术实现。

全书共设置七个项目的内容，参考学时为 76 学时，各项目的参考学时见下表。

项目	项目内容	学时分配
一	龙山黑陶文化公司名片设计	8
二	感动山传海报设计	16
三	红色旅游景区宣传折页设计	16
四	鲁迅相关书籍设计	16
五	《新青年》杂志设计	12
六	保护海洋公益海报设计	4
七	党的二十大宣传海报设计	4
课时总计		76

本书在编写的过程中，力求做到语言通俗易懂、言简意赅；对于前文已介绍过的知识

点，后文尽量避免重复介绍；对于重要且经常使用的功能，会多次在任务实例中体现，并通过任务实施让读者自己尝试练习，以帮助读者消化和巩固所学知识，最终使读者能够融会贯通、学以致用。

本书由设计行业资深的一线专家与高校版式设计相关专业具有丰富教学经验的教师共同编写，既可以作为职业院校设计相关专业学生的教材，也可以作为设计初学者的学习或培训用书。特别感谢山东广电视觉科技有限公司所给予的案例支持。为方便读者进行自学，本书配备了知识链接部分的录课视频和任务实施部分的软件操作视频，还配备了相应的教学资源，读者可以扫描二维码进行学习。

本书在编写过程中，借鉴、吸收了许多专家、学者的研究成果和网络信息，得到了来自各方面的大力支持，在此一并表示感谢！本书在案例中用到的图片仅供教学使用，如有侵权，请通过 283322763@qq.com 与作者联系。

由于编者水平有限，书中难免存在疏漏和不妥之处，敬请广大读者批评指正。

编　者
2023 年 4 月

目　　录

项目一

龙山黑陶文化公司名片设计

— 项目导读 —————————————————

　　龙山文化黑陶是继仰韶文化彩陶之后的优秀陶器品种，是我国古老的传统制陶技艺的又一个高峰。通过本项目的学习，学生能够了解龙山黑陶文化，掌握版式设计的原则，提高运用 Adobe InDesign（以下简称 InDesign）软件的图片和文字功能进行名片排版的能力。

— 教学目标 —————————————————

　　（1）了解名片的基本元素、作用。

　　（2）掌握版式设计的原则。

　　（3）掌握 InDesign 软件图片置入的方法。

任务一：名片设计规范

任务描述

名片作为现代社会重要的社交工具，它的使用场合、设计的风格会影响人们对使用者个人及所在企业的认知。本任务主要是学习名片设计规范的基本知识，以及通过版式设计的原则引入名片设计的方法。

任务要求

（1）掌握版式设计的"CRAP"原则。
（2）掌握 InDesign 软件图片置入的方法。

知识链接

☆知识链接：
名片设计规范

一、版式设计的概念和范围

版式设计是指设计人员根据设计主题和视觉需求，在预先设定的有限版面内，运用造型要素和形式原则，根据特定主题与内容的需要，将文字、图片（图形）和色彩等视觉传达信息要素，进行有组织、有目的的组合排列的设计行为与过程。

版式设计的应用范围涉及报纸、期刊、书籍（画册）、产品样本、挂历、展架、海报、招贴画、唱片封套和网页页面等领域。

二、版式设计的原则应用

常见的视觉设计原则是美国设计大师 Robin Williams 在《写给大家看的设计书》中提出的"CRAP"原则，即 Contrast（对比）、Repetition（重复）、Alignment（对齐）和 Proximity（亲密性）。

1. 对比（Contrast）

对比是指要避免页面的元素过于相似，要善于调整元素的大小、颜色、形状、位置等，让重点突出且引人注目。如图 1-1-1 所示，左侧名片中的各元素字号相同，没有重点，这时可以将名片中最重要的元素——姓名的字号加大、字体加粗。这个简单的调整，让这张名片第一眼看上去更有趣、更生动、更吸引人，重点也明确突出，这就是对比带来的效果。

图 1-1-1　对比的示例

2. 重复（Repetition）

重复是指让某些视觉要素在作品中重复出现，这些要素可以是颜色、形状、字体等。通过重复的形式，可以让阅读者根据重复的特点将信息快速分组，或理解不同信息在某些方面的同质性。重复可以增强一致性，让作品在视觉上更加统一、完备。如图 1-1-2 所示，其右侧名片通过颜色、图标的重复，对相关信息进行分组，视觉上更加统一。

图 1-1-2　重复的示例

3. 对齐（Alignment）

对齐是指将视觉元素整齐排列，这样会让元素呈现出某种视觉联系，让人阅读起来感觉更加顺畅。如图 1-1-3 所示，左侧的名片元素整体位于名片右侧，但是元素采用了居中对齐的方式，看起来不和谐。右侧的名片将元素全部右对齐，所有元素都位于名片右侧，看起来更加井井有条。

图 1-1-3　对齐的示例

4. 亲密性（Proximity）

亲密性是指将相同类别的元素放在一起，这样容易让人一眼就能对信息进行分组。如图 1-1-4 所示，左侧名片的元素散落在四角，阅读者需要用眼睛来回浏览，非常不方便，并且信息的呈现非常散乱，让人抓不住重点。右侧的名片对信息做了分类呈现，将姓名和职位聚合在一起，将联系方式聚合在一起，简单的位置调整让整个结构看起来更加清晰，让人阅读时更加轻松。

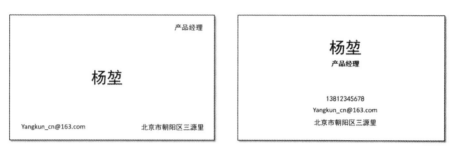

图 1-1-4　亲密性的示例

任务实施：名片设计规范

☆任务实施：
名片设计规范

01　新建文档，设置大小。设置宽度为"90 毫米"、高度为"45 毫米"、方向为横向，如图 1-1-5 所示；点击"边距和分栏…"，设置边距为"0 毫米"、分栏为默认值，如图 1-1-6 所示。

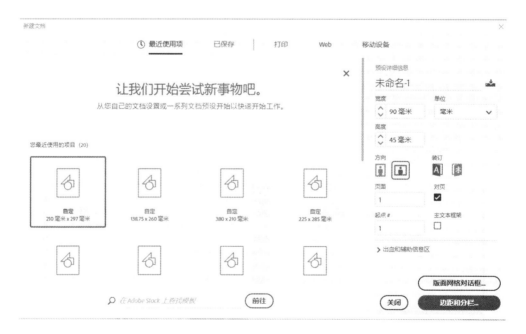

图 1-1-5　设置预设详细信息

图 1 - 1 - 6　设置边距和分栏

02　置入铅笔背景图。使用快捷键"Ctrl+D"或点击文件菜单中的"置入",选择背景图片,在页面合适位置处单击则置入成功(见图 1 - 1 - 7),可以用鼠标调整其位置。

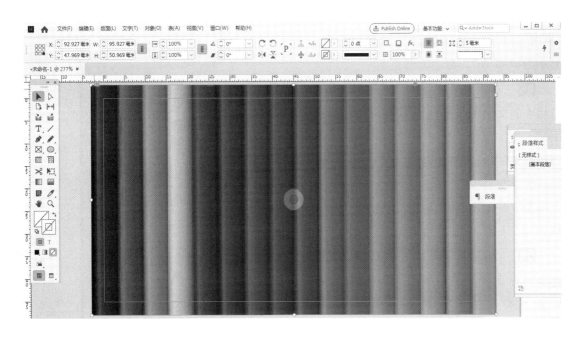

图 1 - 1 - 7　置入铅笔背景图

03　图形的绘制和填色。使用左侧工具栏中的矩形工具在页面合适位置绘制矩形,选中矩形,点击填色,选择红色(见图 1 - 1 - 8、图 1 - 1 - 9、图 1 - 1 - 10)。

04 调整填色图形的透明度。选中矩形，点击不透明度按钮，按住鼠标左键滑动，即可调整填色图形的透明度，调整为70%左右。

05 置入"yes"图标。使用左侧工具栏中的矩形工具绘制一个大小合适的矩形，使用快捷键"Ctrl＋D"置入素材文件。若图标像素模糊，则可以调整为高品质显示（见图1-1-11）。

06 白色感叹号的绘制。先使用矩形工具绘制一个大小合适的矩形，再使用左侧工具栏中的椭圆工具绘制合适的圆形（见图1-1-12），最后使用填色工具将圆形填充为纸色（见图1-1-13）。

07 输入英文"pictures"。使用左侧工具栏中的文字工具（见图1-1-14）绘制文本框，在文本框中输入"pictures"（见图1-1-15），选择合适的英文字体，大小为"17点"，颜色为纸色。

08 右侧文字的输入。使用左侧工具栏中的文字工具绘制文本框，在文本框中输入文字信息，如图1-1-16所示；使用快捷键"Ctrl＋A"全选输入的文字信息，设置字体为"方正中等线_GBK"、大小为"6点"、颜色为纸色，如图1-1-17所示。

09 文字右对齐。选中所有文字，选中属性面板中的段落设置，设置为右对齐，如图1-1-18、图1-1-19所示。

10 单独设置名片的姓名和职位信息。选中姓名和职位信息，修改字体大小为8点，如图1-1-20所示。

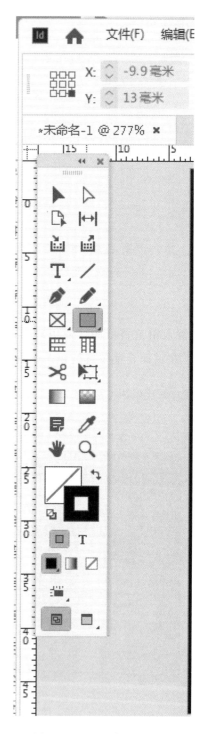

图1-1-8 选中矩形工具

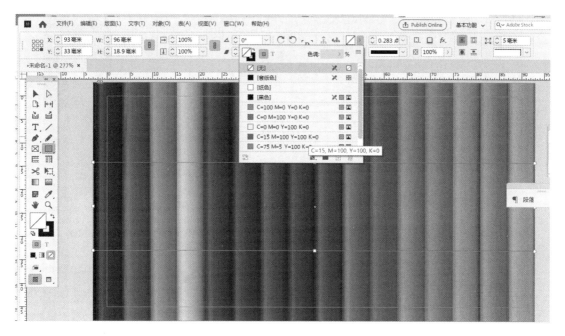

图 1-1-9　选中矩形

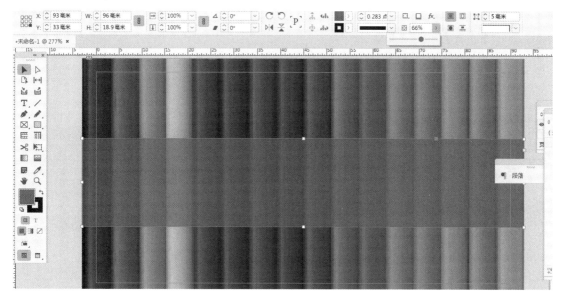

图 1-1-10　将矩形填充为红色

图 1-1-11 高品质显示设置路径

图 1-1-12
选中椭圆工具

图 1-1-13 将圆形填充为纸色

图 1 - 1 - 14

选中文字工具

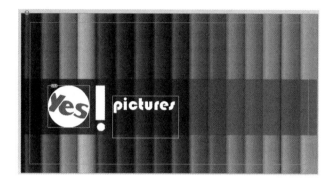

图 1 - 1 - 15　设置文字

图 1 - 1 - 16　绘制文本框并输入文字信息

图 1 - 1 - 17　设置文字

图 1 - 1 - 18　文字设置为右对齐

图 1 - 1 - 19　文字右对齐效果图

图 1-1-20　选中姓名和职位信息

11 预览并导出。点击页面空白处，按"W"键进行预览，检查无误导出即可，最终效果如图 1-1-21 所示。

图 1-1-21　最终效果图

思考题

(1) 文本框架中的文字有几种对齐方式？

(2) 通过对名片设计的学习，你了解到了哪些名片设计的技巧？

任务二：名片设计制作

任务描述

名片是标示姓名及其所属组织、公司单位名称和联系方法的卡片。本任务主要是学习名片设计制作的基本知识，以及通过学习龙山黑陶文化公司名片的设计制作，了解名片的基本组成元素、使用场景，掌握名片设计的要点。

任务要求

（1）掌握名片的使用场景和规范。

（2）掌握 InDesign 软件文字排版的方法。

（3）增强学生对传统文化的感性认识，增强文化自信。

知识链接

☆知识链接：
名片设计制作

一、名片的组成要素

属于造型的组成要素：插图（象征性或装饰性的图案）；标志（图案或文字造型）；商品名（商品名称的标准字体，又叫作合成文字或商标文字）；饰框、底纹（美化版面、衬托主题）。

属于文字的组成要素：公司名（包括公司中英文全名与营业项目）；标语（表现企业风格的完整短句）；人名（中英文职称、姓名）；联络资料（中英文地址、电话号码、手机号、电子邮箱、传真号码等）。

其他相关要素：色彩（色相、明度、彩度的搭配）；编排（文字、图案的整体排列）。

二、名片的使用场景

1. 接待客户

在接待客户尤其是与客户初次见面时，交换名片是必不可少的环节。通过名片承载的信息，双方就能轻松了解对方公司的基本信息和业务，同时为下一步的深入沟通提供了话题。经典名片展示如图 1-2-1 所示，名片的组成要素展示如图 1-2-2 所示。

图 1-2-1　经典名片展示

图 1-2-2　名片的组成要素展示

2. 线下销售

公司商务人员在线下销售时，往往也是需要使用名片的，这主要是为了给对方留下一个可以持续联系的方式。当用户有相应的交易需求时，就能通过名片取得联系，促成交易。

3. 大型展会和商务社交

大型展会和商务社交，对于企业而言，是拓宽人脉的最佳场合，一般都需要业务人员携带名片。此时，交换名片更多的是为了结交和认识更多的朋友，扩大企业的人脉资源，当然最终也是为了日后能促成合作。

4. 朋友引荐

朋友引荐对于商务人士而言是十分重要的社交方式，一般这种引荐活动的商业匹配性是非常高的，这个时候双方交换名片最为有效，后续能形成合作关系的可能性也会大很多。

三、名片设计的要点

（1）有特点。首先，要做好定位，名片必须和公司的形象、业务范围、风格相匹配；其次，要做到有新意（见图 1-2-3）。

（2）简约设计。简约设计带来的好处就是突出了文本信息（见图1-2-4）。

图 1-2-3　有特点的名片示例　　　　图 1-2-4　简约设计的名片示例

（3）排版。排版逻辑清晰，版式不要太满。虽然名片上的信息一般不会很多，但一张好的名片，排版也是非常重要的（见图1-2-5）。排版的方式有很多，想要显得高端应尽量用基础字体，同时尽量统一字体并让字体小一点。字的颜色尽量避免对比太过强烈。

（4）色彩和底图。任何设计都离不开色彩和底图，名片设计也不例外（见图1-2-6）。名片有两面，可以一面设计得多彩一点，图形元素丰富一点；另一面设计得简约一点，用于信息传递。也就是说，一面用于吸引人的注意，另一面则注重功能性。

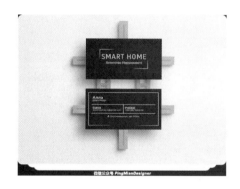
图1-2-5　名片排版示例

图1-2-6　名片底图示例

（5）材质。高档材质的名片会让人感觉到精美，给人留下完美的第一印象，让人感觉持有人所提供的产品、服务质量非常到位（见图1-2-7）。

图1-2-7　高档材质的名片示例

合理的配色，富有质感的用墨，色彩鲜明的字体与图形，凸版印刷给指尖带来的舒适触感，会让人觉得名片持有人非常有品位。因此，纸张选择，用墨选择，不同印刷机构的色彩表现，这些都是需要考虑的，必须严格把关。

📚 任务实施：龙山黑陶文化公司名片的设计制作

01 新建文档，设置大小。设置宽度为"90毫米"、高度为

☆任务实施：
龙山黑陶文化公司名片的设计制作

"50 毫米"、方向为横向，如图 1 - 2 - 8 所示；点击"边距和分栏 ..."，设置边距为"0 毫米"、分栏为默认值，如图 1 - 2 - 9 所示。

图 1 - 2 - 8　设置预设详细信息

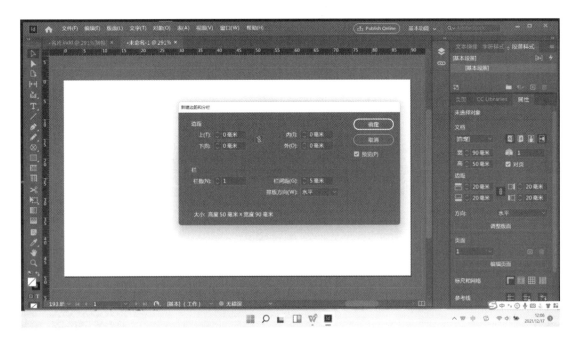

图 1 - 2 - 9　设置边距和分栏

02　使用左侧工具栏中的矩形工具在页面右侧绘制一个大小合适的矩形，填色与描边设置为无，如图 1-2-10 所示。

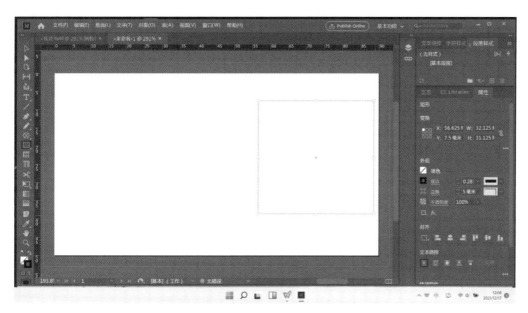

图 1-2-10　绘制矩形

03　选中矩形，使用快捷键"Ctrl+D"置入黑陶图片，如图 1-2-11 所示；置入后选中图片，点击右键选择"适合——按比例填充框架"或者使用快捷键"Ctrl+Alt+Shift+C"。

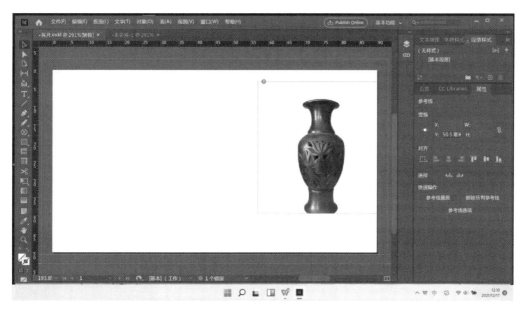

图 1-2-11　置入黑陶图片

04　使用左侧工具栏中的文字工具绘制文本框，在文本框中输入"龙山黑陶文化公

司"，设置字体为"华文细黑"、大小为"16 点"、行距为"19.2 点"、颜色为黑色，如图
1-2-12所示。

图 1-2-12 设置文字 (1)

05 使用左侧工具栏中的文字工具绘制新的文本框，在新的文本框中输入"王传
承"，设置字体为"等线""Bold"、大小为"11 点"、行距为"13.2 点"、字符间距为
"-10"、颜色为黑色；选中左侧工具栏中的选择工具，按住"Ctrl"键同时选中文本框
"王传承"和"龙山黑陶文化公司"，在右侧的属性面板中选择左对齐，如图 1-2-13
所示。

图 1-2-13 设置文字 (2)

06 使用左侧工具栏中的文字工具绘制新的文本框，在新的文本框中输入"经理"；选中文本框"经理"，在右侧的属性面板中选择左对齐，设置字体为"等线"、大小为"6点"、行距为"7.2点"、颜色为黑色，如图1-2-14所示。

图1-2-14 设置文字（3）

07 使用左侧工具栏中的文字工具绘制新的文本框，分行输入"地址：山东省济南市××区××路××号 邮箱：123456789@qq.com 电话：0531-12345678 传真：0531-12345678"，全选输入的文字，设置字体为"华文细黑"、大小为"5点"、行距为"7点"、颜色为黑色，在右侧的属性面板中选择左对齐；选中左侧工具栏中的选择工具，按住"Ctrl"键同时选中该文本框与"王传承"文本框，在右侧的属性面板中选择顶对齐，如图1-2-15所示。

图1-2-15 设置文字（4）

08 使用左侧工具栏中的直线工具，在如图位置绘制一条直线，设置填色为无，描边颜色为黑色，粗细为"0.75点"，如图1-2-16所示。

图1-2-16 绘制一条直线

09 预览并导出。点击页面空白处，按"W"键进行预览，检查无误导出即可，如图1-2-17、图1-2-18所示。

图1-2-17 预览效果图

龙山黑陶文化公司

王传承
经理

地址：山东省济南市××区××路××号
邮箱：123456789@qq.com
电话：0531-12345678
传真：0531-12345678

图 1-2-18　最终效果图

思考题

（1）在当前通信越来越便捷的时代，你认为名片还有没有存在的必要？

（2）在名片的各组成要素中，你认为哪一部分是最重要的？

项目二

感动山传海报设计

― 项目导读 ―

感动山传是山东传媒职业学院的品牌活动，每年推选十位在学习、道德、公益等方面表现突出的学生进行采访拍摄并表彰，活动旨在发掘同学们身边的感动事迹，加强宣传引导，培育优秀励志典型，发挥榜样引领作用，为青年实践创新、建功立业搭建更广阔的平台。通过本项目的学习，学生能够掌握海报设计的方法，掌握海报标题的设计、海报字体的选择，了解海报的使用及规格，灵活运用 InDesign 软件的图片和文字功能，提高海报排版的能力。同时，能够培养学生积极向上的进取精神。

― 教学目标 ―

（1）掌握海报标题的字体和排版方法。

（2）掌握 InDesign 软件文字排版的方法。

（3）增强学生对身边人物精神的学习能力。

任务一：海报标题设计

任务描述

海报作为设计领域应用范围最广泛的一种形态，是视觉传达的表现形式之一。本任务主要是学习海报标题设计的基本知识和技巧，以及通过学习海报标题设计，了解海报标题的构成、海报设计的基本原理，掌握其设计方法，提升学生的审美能力。

任务要求

（1）了解海报标题的布局。

（2）了解海报文字的选择。

（3）掌握 InDesign 软件文字的设置方法。

知识链接

一、海报的使用范围

☆知识链接：
海报标题设计

海报的应用范围很广，商品展览、音乐会、戏剧、运动会、时装表演、电影、旅游、慈善或其他专题性的活动，都可以通过海报做广告宣传。

二、评价海报优劣的标准

作为视觉传达的一种表现形式，一款好的海报应该充分运用图像、文字、色彩、版面等素材让其更具有视觉冲击力，更有设计感。

（1）一款好的海报应有清晰的主题，这样更有利于传达信息，如图 2-1-1 和图 2-1-2 所示。

（2）海报排版是海报设计中非常重要的环节，如果没有足够好的素材，那么可以凭借排版取长补短，如图 2-1-3 和图 2-1-4 所示。排版涉及字体和素材的大小，配色也影响排版效果。

（3）海报要有一定的视觉冲击力（见图 2-1-5～图 2-1-7），这样才能快速吸引人们的注意力。不同的使用地点，海报设计应与众不同，尽量不要太"素"。

图 2-1-1　主题清晰的海报示例（1）

图 2-1-2　主题清晰的海报示例（2）

图 2-1-3　凭借排版取长补短的
海报示例（1）

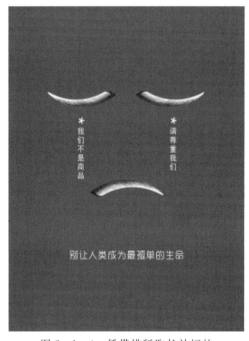

图 2-1-4　凭借排版取长补短的
海报示例（2）

图 2-1-5　有视觉冲击力的
海报示例（1）

图 2-1-6　有视觉冲击力的
海报示例（2）

图 2-1-7　有视觉冲击力的
海报示例（3）

三、海报标题布局

（1）标题贴边摆放（见图 2-1-8）。
（2）添加下划线（见图 2-1-9）。

图 2-1-8
标题贴边摆放示例

图 2-1-9
添加下划线示例

（3）改变标题文字位置（见图 2 - 1 - 10）。

（4）文字标题变形（见图 2 - 1 - 11）。

图 2 - 1 - 10

改变标题文字位置示例

图 2 - 1 - 11

文字标题变形示例

（5）标题文字倾斜（见图 2 - 1 - 12）。

（6）版式整体倾斜（见图 2 - 1 - 13）。

图 2 - 1 - 12 标题文字倾斜示例

图 2 - 1 - 13 版式整体倾斜示例

（7）文字标题居中（见图 2-1-14）。

（8）划分区域（见图 2-1-15）。

图 2-1-14　文字标题居中示例

图 2-1-15　划分区域示例

四、商业海报字体选择

1. 字体的类别

宋体的字形方正，笔画横平竖直，横细竖粗，棱角分明，结构严谨，整齐均匀，有极强的笔画规律性，从而使人在阅读时有一种舒适醒目的感觉。在现代印刷品中，宋体主要用于书刊的正文部分。

黑体字又称为方体或等线体，是一种字面呈正方形的粗壮字体，字形端庄，笔画横平竖直，笔迹全部一样粗细，结构醒目严密。黑体适用于标题或需要引起注意的醒目按语或批注，因为字体过于粗壮，所以不适用于排印正文部分。

宋体和黑体是商业海报设计中的常用字体，其示例如图 2-1-16 所示。

图 2-1-16　常用字体示例

2. 男性产品的宣传海报

男性产品的宣传海报要表达出硬朗、阳光、力量、稳重和大气等特质。通常设计师会选择较粗的字体并加大作为标题，文字效果比较粗犷大气，能够更好地体现男性的特质和魅力（见图 2-1-17 和图 2-1-18）。

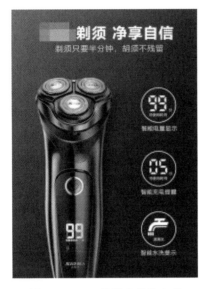

图 2-1-17　男性产品的宣传
海报示例（1）

图 2-1-18　男性产品的宣传
海报示例（2）

3. 女性产品的宣传海报

女性产品的宣传海报通常都带有明显的女性痕迹。为了使效果统一，一般选择秀气、修长的字体。女性产品的宣传海报一般不会使用粗大的字体，这样不能体现出女性的魅力（见图 2-1-19 和图 2-1-20）。

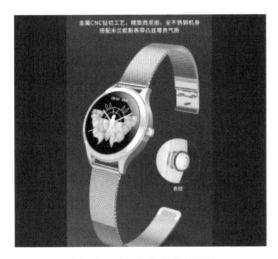

图 2-1-19　女性产品的宣传
海报示例（1）

图 2-1-20　女性产品的宣传
海报示例（2）

4.儿童产品的宣传海报

儿童产品的宣传海报中标题文字通常选择比较圆润的字体，这种字体的视觉效果充满童趣，而且通常此类字体都比较粗，作为标题使用非常容易引起浏览者的注意（见图2-1-21和图2-1-22）。

图2-1-21　儿童产品的宣传
海报示例（1）

图2-1-22　儿童产品的宣传
海报示例（2）

5.昂贵产品的宣传海报

如果宣传的产品比较高端，价格比较昂贵，一般会选择比较纤细的字体，文字效果优美、干净利落，可以更好地展现出所宣传产品的特点（见图2-1-23和图2-1-24）。

图2-1-23　昂贵产品的宣传
海报示例（1）

图2-1-24　昂贵产品的宣传
海报示例（2）

6. 节日促销类宣传海报

节日促销类宣传海报通常应用在一个特定的节日，为了在众多的促销广告中脱颖而出，通常文案标题选择比较粗大的字体，目的是更加吸引消费者的注意。字体空隙最佳化基本上就是调整单字之间的距离，把字体间的距离做到相当平均，这样看起来才会整齐，且有秩序（见图2-1-25和图2-1-26）。

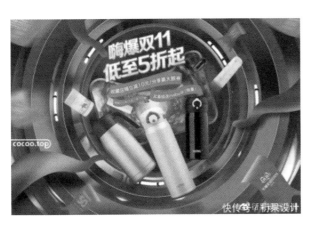

图2-1-25　节日促销类宣传
海报示例（1）

图2-1-26　节日促销类宣传
海报示例（2）

7. 毛笔字体宣传海报

将毛笔字体与传统节日完美结合，可以唤起浏览者兴趣（见图2-1-27和图2-1-28）。

图2-1-27　毛笔字体宣传
海报示例（1）

图2-1-28　毛笔字体宣传
海报示例（2）

任务实施：海报标题设计

01　新建文档，设置大小。设置宽度为"130毫米"、高度为"184毫米"、方向为纵向，如图2-1-29所示；点击"边距和分栏…"，设置边距和分栏为默认值，如图2-1-30所示。

☆**任务实施：**海报标题设计

图2-1-29　设置预设详细信息

图2-1-30　设置边距和分栏

02　设置文字并调整。

（1）使用左侧工具栏中的文字工具绘制一个文本框，在文本框中输入"5.1—5.4"，在右侧属性面板中设置字体为"华文琥珀"、大小为"18 点"、颜色为蓝色（C＝100，M＝0，Y＝0，K＝0），如图 2－1－31 所示；选中文本框，在右侧属性面板中的"变换"里将文本框架调整角度为"24°"，如图 2－1－32 所示。

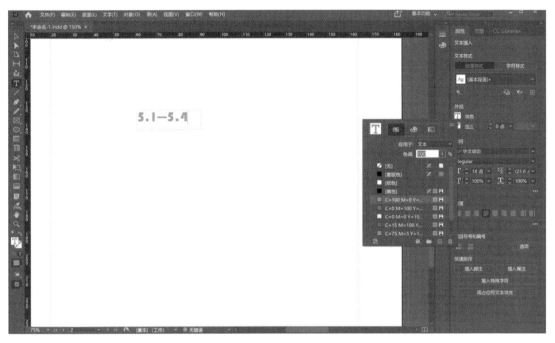

图 2－1－31　设置文字"5.1—5.4"

图 2－1－32　调整"5.1—5.4"的角度

（2）使用左侧工具栏中的文字工具绘制一个文本框，在文本框中输入"奋斗吧！青年"，在右侧属性面板中设置字体为"华文琥珀"、大小为"48点"、颜色为蓝色（C＝100，M＝0，Y＝0，K＝0），如图2－1－33所示；选中文本框，在右侧属性面板中的"变换"里将文本框架调整角度为"24°"，如图2－1－34所示。

图2－1－33　设置文字"奋斗吧！青年"

图2－1－34　调整"奋斗吧！青年"的角度

（3）使用左侧工具栏中的文字工具绘制一个文本框，在文本框中输入"Do your best youth"，设置字体为"Arial"、大小为"18 点"、颜色为蓝色（C＝100，M＝0，Y＝0，K＝0），如图 2－1－35 所示；选中文本框，在右侧属性面板中的"变换"里将文本框架调整角度为"24°"，如图 2－1－36 所示。

图 2－1－35　设置英文字母

图 2－1－36　设置英文字母的角度

（4）使用左侧工具栏中的矩形工具绘制一个矩形；点击上方菜单栏中"对象（O）"→"角选项（I）"；点击选中"圆角"，点击"确定"，如图2-1-37所示。在颜色色板中，将矩形填充为橙色（C＝7，M＝43，Y＝88，K＝0），如图2-1-38所示。

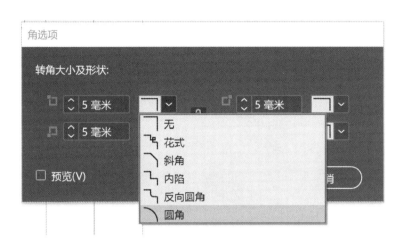

图2-1-37　选中"圆角"

图2-1-38　将矩形填充为橙色

（5）使用左侧工具栏中的文字工具绘制一个文本框，在文本框中输入"一起释放青春活力"，在右侧属性面板中设置字体为"华文琥珀"、大小为"18点"、颜色为纸色；选中文本框，在右侧属性面板中的"变换"里将文本框架调整角度为"24°"，如图2-1-39所示。

图 2 - 1 - 39　设置文字"一起释放青春活力"

（6）选中左侧工具栏中的椭圆工具，按住"Shift"键绘制正圆，在颜色面板中设置描边粗细为"2点"，描边颜色为蓝色（C＝100，M＝0，Y＝0，K＝0），如图 2 - 1 - 40 所示。

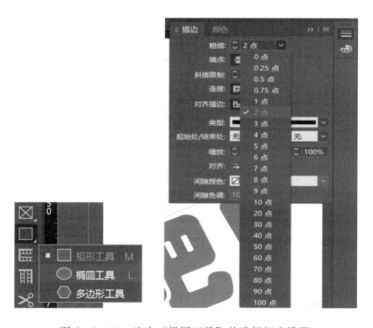

图 2 - 1 - 40　选中"椭圆工具"并进行相应设置

（7）使用左侧工具栏中的剪刀工具，依次在圆的正上方和正右方点击一下，然后按"Delete"键删除所选部分，如图 2-1-41 所示；使用左侧工具栏中的直线工具，按"Shift"键绘制相互垂直的两条直线；在颜色面板中设置描边粗细为"1 点"，描边颜色为蓝色（C＝100 M＝0 Y＝0 K＝0），如图 2-1-42 所示。

图 2-1-41　删除圆的部分线条

图 2-1-42　绘制相互垂直的两条直线

03 进行文字排版,如图 2-1-43 所示。

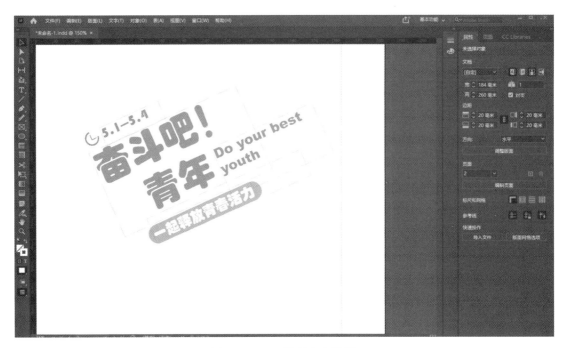

图 2-1-43 进行文字排版

04 预览并导出。点击页面空白处,按"W"键进行预览,检查无误导出即可。最终效果如图2-1-44所示。

图 2-1-44 最终效果图

思考题

(1)海报标题文字的排版方式有哪些?

(2)海报标题文字的字体选择要注意什么问题?

任务二：海报构图设计

任务描述

构图是画面形式的处理和安排。就其实质来说，构图是解决画面上各种元素之间的内在联系和空间关系，并把它们有机地组织在一个画面上，使之形成一个统一的整体。本任务主要是学习海报构图的基本知识和技巧，以及通过学习感动山传海报构图设计，掌握海报设计的方法和排版要点，激发学生学习的兴趣，增强学生对感动山传人物的了解。

任务要求

（1）了解海报构图的分类。
（2）掌握 InDesign 软件中渐变羽化工具的使用方法。

知识链接

☆知识链接：
海报构图设计

一、海报的构图形式

1. 居中构图

居中构图是将主要元素放置于画面的中央。居中构图的目的是快速吸引眼球，占据视觉的焦点（见图 2-2-1）。居中构图版式简洁，给人稳重的整体感受。

2. 对称构图

对称构图是把版面一分为二进行排版布局（见图 2-2-2）。对称构图的两个部分具有相对一致性，给人以平衡、稳定的感觉。

3. 压角构图

压角构图中标题可以作为重要的元素放置在画面的四角，让人一眼就能够看到（见图 2-2-3）。压角构图在突出标题的同时，兼顾画面中心元素展现。

图 2-2-1 居中构图示例

图 2-2-2 对称构图示例

图 2-2-3 压角构图示例

4. 环绕构图

环绕构图是通过文字或元素，将主体围绕在画面中心的一种构图形式（见图 2-2-4）。环绕构图能够达到突出画面的中心主体、增加画面形式感的作用。

5. 倾斜构图

相比横平竖直的线条，斜线会带来强烈的不平衡感。在搭建版面时，主体物或文字倾斜也会出现类似的感觉，形成动感的效果。

6. 放射式构图

放射式构图是将版面上的元素按照放射状排布。放射式构图具有非常灵活的属性（见图 2-2-5）。放射式构图的版面常常显得充实、热闹。

7. 对角线构图

对角线构图是将主体放置于画面对角的

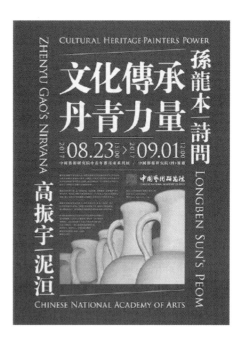

图 2-2-4 环绕构图示例

位置。其打破传统形式，更加具有视觉冲击力，给人一种充满动感与活力的感受（见图2-2-6）。

8. 三分法构图

三分法构图也被称为"井"字法构图，"井"的四个交叉点就是主体的最佳位置，使其成为视觉重心，具有突出主体且使画面趋向均衡的特点。

9. 散点构图

散点构图是将版面上的元素按照点阵状排布。散点构图通常给人以活跃的感受（见图2-2-7）。在用散点构图形式排布标题的时候，字间距需要大于行距，否则容易误导阅读。

图 2-2-5　放射式构图示例　　　图 2-2-6　对角线构图示例　　　图 2-2-7　散点构图示例

二、海报构图的黄金分割法

1. 黄金分割法

黄金分割法就是把一条直线段分成两部分，其中一部分对全部的比等于其余一部分对这一部分的比，常用2∶3、3∶5、5∶8等近似值的比例关系进行美术设计和摄影构图，这种比例也称为黄金律。海报构图的黄金分割法示例如图2-2-8所示。

当整张图作为背景，且无法掌握图片主题的位置时，就可以采用黄金分割法。对于人物，可以根据想要突出的人物某一部位，直接采用黄金分割法快速找到版面位置。

黄金分割法已广泛应用于海报设计、画册设计、网页设计、绘画、服装设计、Logo设计、电视电影、建筑等领域。

2. 黄金分割法的运用

在海报设计中，经常遇到以一张摄影照片为底图，添加文字的海报设计案例。在图

2-2-9所示的摄影照片底图中确定文字添加的位置，就需要运用黄金分割法。具体步骤如下。

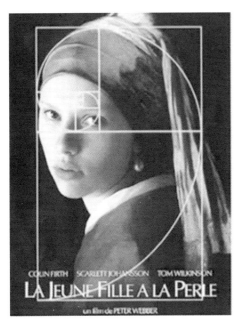

图2-2-8 黄金分割法示例

图2-2-9 摄影照片底图

（1）将螺旋黄金分割图放在版面中（见图2-2-10），接下来放大素材、分析图片结构。因为摄影照片底图的左侧比较空旷，所以就以人物为画面的焦点。

（2）调整图片大小和位置，使摄影照片底图中的人物在螺旋黄金分割图的焦点位置，这样版面就快速确定了视觉点（见图2-2-11）。

图2-2-10　在底图中放入螺旋黄金分割图

图2-2-11　调整螺旋黄金分割图的焦点位置

　　（3）进行文字排版。根据层级关系进行文字排版，调整文字大小和比例，使人阅读起来更加流畅（见图2-2-12）。

图 2-2-12　文字排版

任务实施：感动山传海报构图设计

01　新建文档，设置大小。设置宽度为"120 毫米"、高度为"210 毫米"、方向为纵向、页面为"1"，如图 2-2-13 所示；点击"边距和分栏 ..."设置边距为"0 毫米"、分栏为默认值，如图 2-2-14 所示。

☆任务实施：感动山传海报构图设计

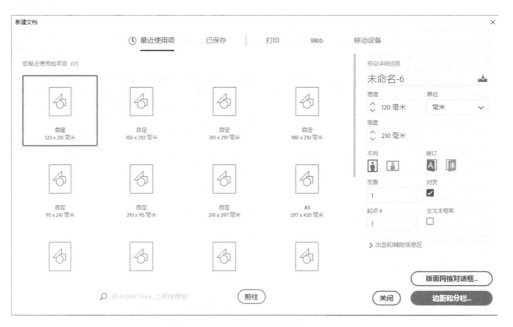

图 2-2-13　设置预设详细信息

图 2-2-14 设置边距和分栏

02 使用快捷键"Ctrl＋D"置入背景图片，并使用左侧工具栏中的自由变换工具调整合适的大小和位置，如图 2-2-15 所示。

图 2-2-15 置入背景图片

03 使用快捷键"Ctrl＋D"置入人物图像，并使用左侧工具栏中的自由变换工具调整人物图像的大小和位置，如图 2-2-16 和图 2-2-17 所示。

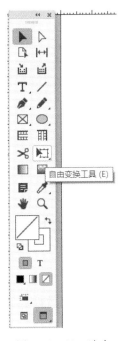

图 2-2-16　选中　　　　　　　　图 2-2-17　调整人物图像的

　自由变换工具　　　　　　　　　　　　　大小和位置

04　　使用左侧工具栏中的文字工具在画面顶部绘制文本框，在文本框中输入"2021年山东传媒职业学院十大励志青年排名"，设置字体为"汉仪大黑简"、大小为"14 点"、颜色为纸色，如图 2-2-18 所示。

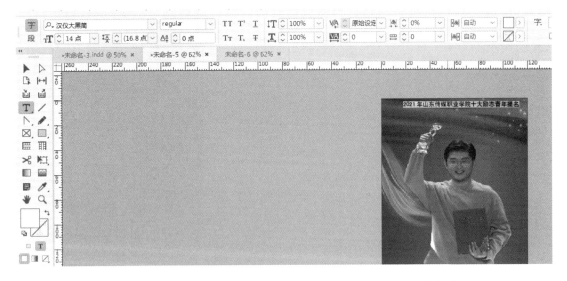

图 2-2-18　设置文字"2021 年山东传媒职业学院十大励志青年排名"

05　　使用左侧工具栏中的直排文字工具在画面左侧绘制文本框，在文本框中输入

"自立自强奖 李钦旭",设置字体为"汉仪大黑简"、大小为"16 点"、颜色为纸色,如图 2-2-19 所示。

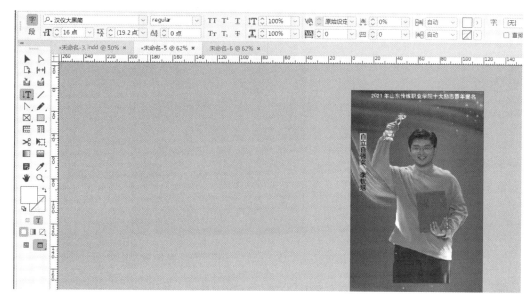

图 2-2-19 设置文字"自立自强奖 李钦旭"

06 使用左侧工具栏中的文字工具绘制四个文本框,在文本框中依次输入"感""动""山""传"四个字,设置字体为"DOUYU",大小为"48 点",颜色的 C、M、Y、K 值分别为 13、24、62、0,并调整至合适的位置,如图 2-2-20 和图 2-2-21 所示。

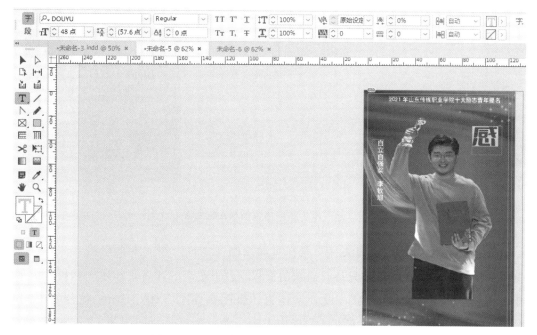

图 2-2-20 设置文字"感""动""山""传"

图 2-2-21　设置文字"感""动""山""传"后的效果图

07　使用左侧工具栏中的渐变羽化工具，并利用选择工具选中人物图片，从背景图片往人物图片方向拖动，形成人物图像下端渐隐的效果，如图 2-2-22 所示。

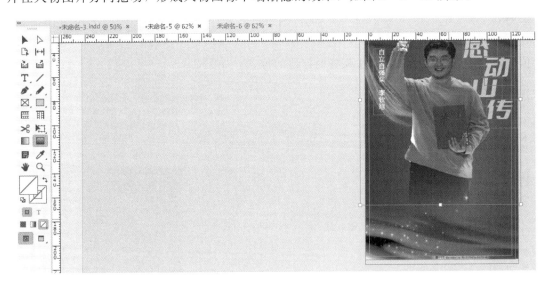

图 2-2-22　在人物图像下端使用渐变羽化工具

08　使用左侧工具栏中的文字工具在页面绘制文本框，在文本框中输入"穿过学海无涯　寻梦路上你无畏艰险　只待开启新的征程　台下掌声的背后是汗水与坚持的成果　遇难苦中作乐　遇挫我自岿然"，设置字体为"摄图摩登小方体-iFonts 联名"、大小为"14 点"、行距为"20 点"、对方方式为居中对齐、颜色为纸色，如图 2-2-23 所示。使用快捷键"Ctrl+D"置入星光图片到合适的位置。

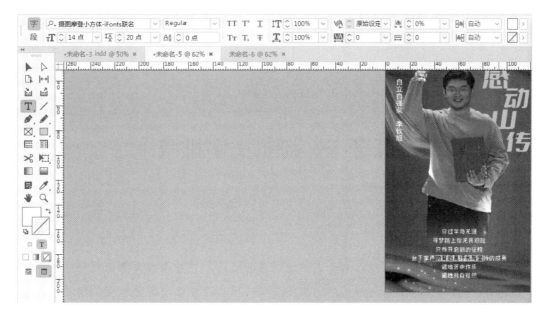

图 2-2-23　在羽化位置设置文字

09　预览并导出。点击页面空白处，按"W"键进行预览，检查无误导出即可。最终效果如图2-2-24所示。

图 2-2-24　最终效果图

 **思考题**

（1）任务实施案例中采用了哪种构图方式？

（2）同一主题可以采用多种不同的构图方式吗？为什么？

任务三：海报文字排版

任务描述

文字是平面设计的基本组成元素，经过创意的设计，它可以成为画面的视觉焦点，也可以透过巧妙的编排传递主题和信息。文字层级的划分能够让海报更加有条理，阅读起来更加轻松。本任务主要是学习海报文字层级的划分，以及通过学习端午节海报文字排版，认识文字层级并且熟练运用，达到举一反三的目的。

任务要求

（1）了解如何划分海报的文字层级。

（2）掌握 InDesign 软件图形绘制和填充的方法。

（3）增强学生对传统文化的感性认识，增强文化自信。

知识链接

☆**知识链接：**
海报文字排版

一、海报的文字层级

海报中文字层级的划分，并不能对文章本身的内容产生任何影响，它所影响的是阅读。密密麻麻的文字会带来压迫感，而划分层级可以有效地缓解这种压迫感。因此，划分层级能更好地体现海报的条理与结构，让读者能够更加轻松地阅读。

通常一个版面中的元素和信息是多样的，可能会有图片、标题、小标题、正文、注解、页眉、页脚等。这些信息会有重要和次重要之分。如果在排版上毫无层级关系，那么在视觉上就会显得非常普通，缺少变化和设计感，呈现的效果也不会好看（见图2-3-1）。更重要的是，由于没有层次、缺乏视觉引导，受众感

PANTS TREND 20/21AW

TABLE OF CONTENTS

图2-3-1　排版无层级关系示例

受不到画面中的主次关系，大大降低了阅读和信息传播的效率。

图 2-3-1 经过重新排版后，把各个不同类别的信息都刻意做了视觉上的调整和加工（见图 2-3-2），版面具有了比较强的层次感，在美观性和阅读性方面都得到了提升。这就是版式设计为什么要有层级关系的原因。

PANTS TREND
20/21AW

TABLE OF CONTENTS

❶ 主题趋势   005-020

❷ 推荐单品   021-030

❸ 关键廓形   031-036

❹ 关键细节   037-076

图 2-3-2 排版有层次感示例

二、合理安排文字层级

1. 位置区分

在一个版面中，越靠上、靠左的位置，越容易吸引读者的注意，反之亦然。所以版面左上角或垂直居中偏上的位置常常用来排列标题，正文一般在版面正中央，版面底部常用来排列页码、注解或者一些附加信息等。按这样的方式把信息排列好，能制造出简单的层级关系（见图 2-3-3）。

PANTS TREND
20/21AW

TABLE OF CONTENTS

1. 主题趋势 005-020

2. 推荐单品 021-030

3. 关键廓形 031-036

4. 关键细节 037-076

图 2-3-3 位置区分示例

2. 大小区分

越大的目标越容易吸引读者的注意。在文字排版中，一般情况下字号最大的是最重要的信息，如标题、主题、核心卖点等。在图 2-3-3 的基础上再加上大小区分，层级关系就变得很明显了。

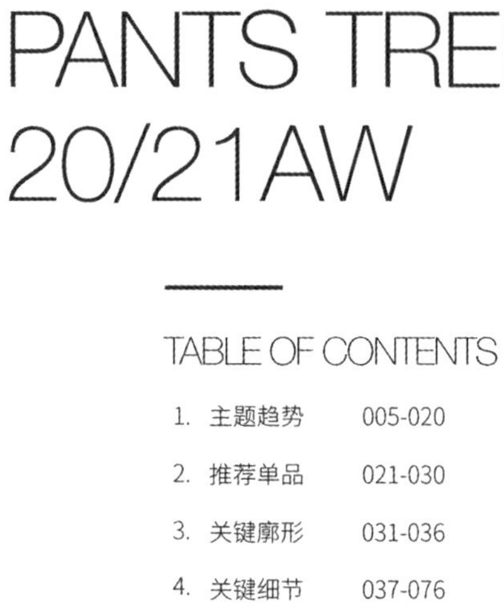

PANTS TREND
20/21AW

————

TABLE OF CONTENTS

图 2-3-4　大小区分示例

3. 粗细区分

粗细区分指的是文字笔画的粗细。同种字体、同样字号的情况下，笔画粗的字体要比笔画细的字体更突出。在图 2-3-4 的基础上再加上粗细区分，层级关系不仅得到了进一步加强，美观性也得到了提升，如图 2-3-5 所示。

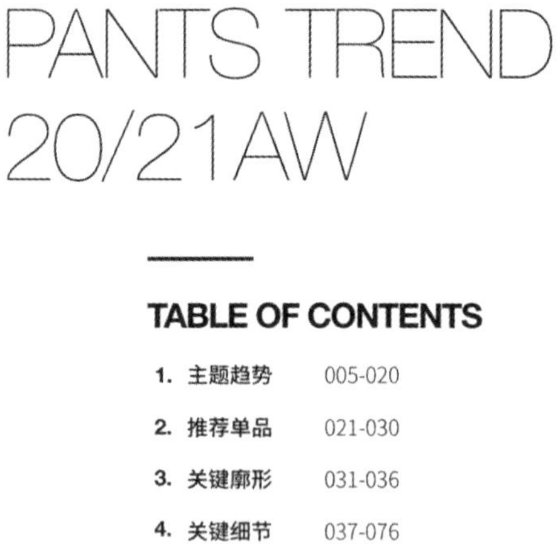

PANTS TREND
20/21AW

————

TABLE OF CONTENTS

图 2-3-5　粗细区分示例

4. 字体区分

不同的字体有不一样的视觉感受。不同层级的信息使用不同的字体可以在视觉上将这些信息进行分类，从而提高读者的阅读效率。当然字体种类不要太多，2～3 种为佳。在图 2-3-5 的基础上继续加上字体区分，层级区分就更加明显了（见图 2-3-6）。

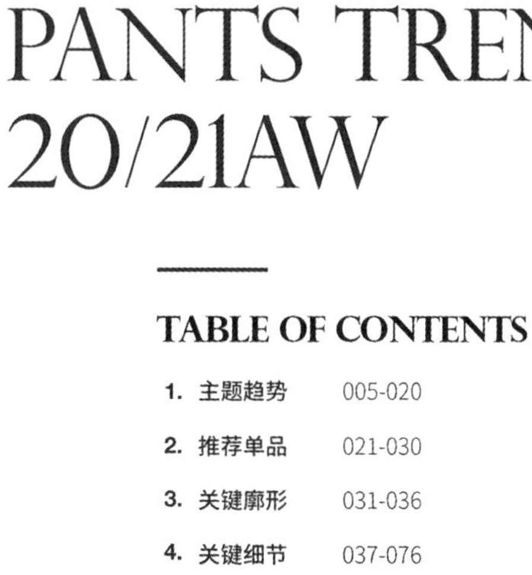

PANTS TREND 20/21AW

TABLE OF CONTENTS

图 2-3-6　字体区分示例

另外，不同字体的视觉冲击力也不一样。通常来说，笔画较粗、较简洁的字体相比笔画较细、较复杂的字体具有更强的视觉冲击力。

5. 色彩区分

色彩能赋予设计性格，比如在图 2-3-6 的基础上，将标题颜色变为金色后，版面会变得更加高雅了，且局部的金色会从大面积的白色和黑色中跳脱出来，把文字之间的层级关系拉得更开。色彩区分示例如图 2-3-7 所示。

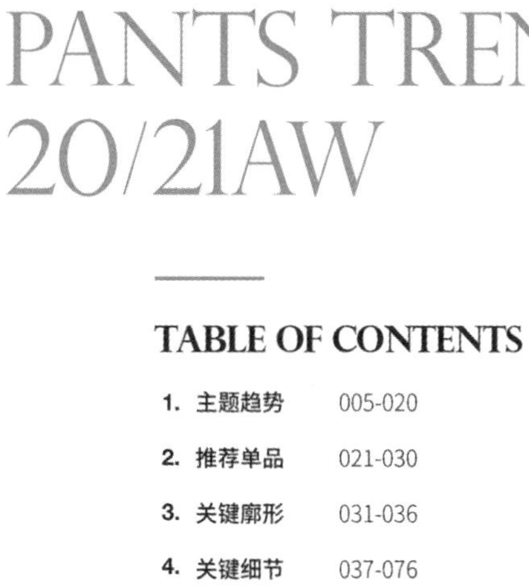

PANTS TREND 20/21AW

TABLE OF CONTENTS

图 2-3-7　色彩区分示例

6. 透明度区分

不同透明度的元素在一起会形成虚实对比的效果，从而加强版面的空间感。把重要的信息设置成高透明度，能使其离读者更近；把不太重要的信息设置成低透明度，能使其离读者更远。因此，透明度区分也是拉开层次的有效手段。透明度区分示例如图 2-3-8 所示。

TABLE OF CONTENTS

图 2-3-8　透明度区分示例

7. 线框突出

给文字增加线框，就好像用一支笔把书上的某些文字圈出来一样，具有使其更加突出的效果。这样不仅可以使有线框的文字与无线框的文字区隔开，而且不同形状的线框也能使彼此区隔。图 2-3-9 中的大标题用的是矩形线框，小标题前面的序号用的是圆形线框。

TABLE OF CONTENTS

图 2-3-9　线框突出示例

8. 造型区分

图 2-3-9 中用到了不同形状的线框，这又引申出了另一种区分信息层级的方法：造型区分。例如，在图 2-3-10 中，大标题使用矩形造型，副标题使用箭头造型，内文使用对话框造型，这些信息从造型上就有了明显的区分。造型除了可以在线框上体现外，还

能在色块、图片和元素上体现。

图 2-3-10　造型区分示例

📚 任务实施：端午节海报文字排版

☆**任务实施：**
端午节海报文
字排版

01　新建文档，设置大小。设置宽度为"210 毫米"、高度为"297 毫米"、方向为纵向，如图 2-3-11 所示；点击"边距和分栏..."，设置边距和分栏为默认值，如图 2-3-12 所示。

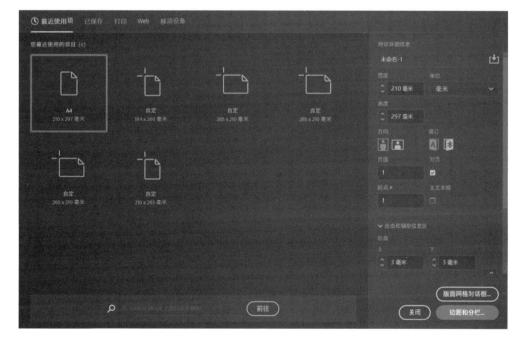

图 2-3-11　设置预设详细信息

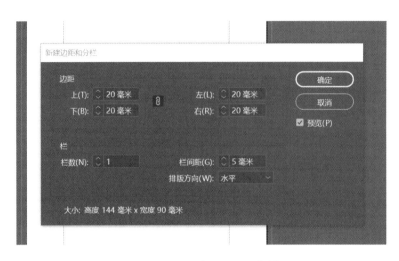

图2-3-12 设置边距和分栏

02 设置背景色。使用左侧工具栏中的矩形工具在当前页面沿出血线画一个矩形，然后在色板工具栏里去掉描边并进行填色，颜色设定为黑色，色调改为"20"，如图2-3-13所示。

图2-3-13 设置背景色

03 制作文字。观察文档中的文字，分析该如何划分层级，如图2-3-14所示。该示例可以划分为三个层次：标题、促销信息和时间、联系方式，如图2-3-15所示。

端午
忆一段历史佳话
尝一颗风味美棕

全场商品5折起
限时促销，惠享好礼
活动时间：
2019年6月5号至7号

商铺电话：
021-88886666
商铺地址：
上海市浦东新区高科西路
888号666弄

端午

忆一段历史佳话尝一颗风味美粽全场商品5折起

限时促销，惠享好礼活动时间：

2019年6月5日至7号商铺电话：

021-88886666商铺地址：

上海市浦东新区高科西路888号666弄

图2-3-14　分析文字　　　　　　　　图2-3-15　划分文字层级

（1）对标题文字进行排版。

使用左侧工具栏中的直排文字工具绘制文本框，在文本框中输入"端午"，设置字体为"华文行楷"、大小为"180点"、字符间距为"216"，选中文本框，移动到合适的位置，如图2-3-16所示。

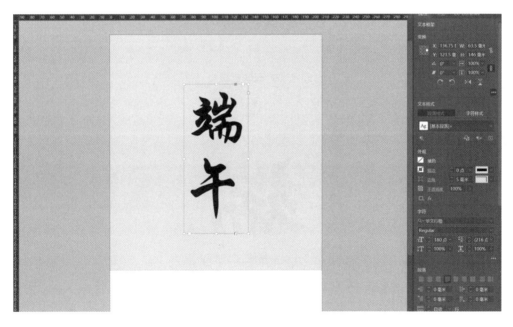

图2-3-16　标题文字排版（1）

使用左侧工具栏中的文字工具绘制文本框，在文本框中输入"忆一段历史佳话"，设置字体为"方正黑体－GBK"、大小为"18点"、字符间距为"1260"，选中文本框，移动到合适的位置，如图2-3-17所示。

使用左侧工具栏中的文字工具绘制文本框，在文本框中输入"尝一颗风味美粽"，设

图 2 - 3 - 17　标题文字排版（2）

置字体为"方正黑体"、大小为"17 点"，选中文本框，移动到合适的位置，如图2 - 3 - 18
所示。

图 2 - 3 - 18　标题文字排版（3）

　　使用左侧工具栏中的直线工具，按住"Shift"键，并在"端午"上方绘制一条直线，
然后在描边面板中设置描边粗细为"5 点"。使用左侧工具栏中的选择工具，选中直线，
同时按"Alt"键将直线复制，向下拖动一定距离，调整好位置即可，如图2 - 3 - 19所示。

　　使用左侧工具栏中的文字工具绘制文本框，在文本框中输入"Dragon"，设置字体为
"华文中宋"、大小为"27 点"、字符间距为"92"，选中文本框，移动到合适的位置。使
用左侧工具栏中的文字工具，在页面上画一个文本框，在文本框中输入"Best Festival"，
设置字体为"华文中宋"、大小为"17 点"、字符间距为"92"，选中文本框，移动到合适

的位置，如图 2-3-20 所示。

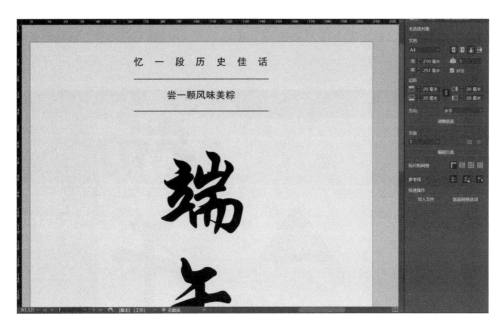

图 2-3-19　标题文字排版（4）

图 2-3-20　标题文字排版（5）

（2）对促销信息和时间进行排版。

使用左侧工具栏中的多边形工具绘制一个三角形，在属性面板上选择填色，颜色填充为黑色；选中三角形，点击上方菜单栏中"对象（O）"→"角选项（I）"，将形状改为圆角，转角为"45°"，如图2－3－21所示。

图 2－3－21　促销信息和时间排版（1）

使用左侧工具栏中的文字工具绘制文本框，在文本框中输入"5"，设置字体为"华文中宋"、大小"为40点"、字符间距为"100"，选中文本框，移动到合适的位置；在文本框中输入"折起"，设置字体为"黑体"、大小为"15点"、字符间距为"100"；在文本框中输入"全场商品"，设置字体为"黑体"、大小为"15点"、字符间距为"100"。选中文本框，移动到合适的位置，如图 2－3－22 所示。

使用左侧工具栏中的矩形工具绘制一个矩形；选中矩形，点击上方菜单栏中"对象（O）"→"角选项（I）"，将形状改为圆角，转角为"45°"。使用左侧工具栏中的钢笔工具在页面上绘制一个喇叭，描边粗细为"1点"，颜色为纸色；使用左侧工具栏中的直线工具绘制三条直线，设置描边为"0.5点"，如图 2－3－23 所示。

使用左侧工具栏中的文字工具绘制文本框，在文本框中输入"6/5"和"6/7"，设置字体为"华文隶书"、大小为"33点"、字符间距为"39.6"，选中文本框，移动到合适的位置，如图 2－3－24 所示。

使用左侧工具栏中的直排文字工具绘制文本框，在文本框中输入"WED"和"FRI"，设置字体为"华文中宋"、大小为"10 点"、字符间距为"100",选中文本框,移动到合适的位置,如图 2-3-25 所示。

图 2-3-22 促销信息和时间排版(2)

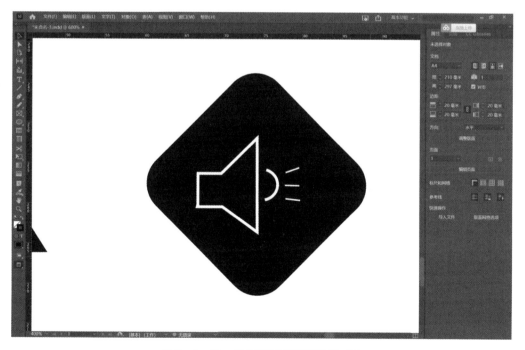

图 2-3-23 促销信息和时间排版(3)

图 2-3-24　促销信息和时间排版（4）

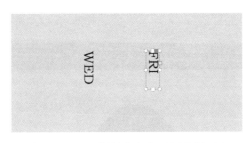

图 2-3-25　促销信息和时间排版（5）

　　采用同样的方法设置"2019"，如图 2-3-26 所示。

　　使用左侧工具栏中的矩形工具绘制一个矩形，选中矩形；点击上方菜单栏中"对象（O）"→"角选项（I）"，将形状改为圆角，转角大小自行调整。使用左侧工具栏中的选择工具，选中矩形，同时按"Alt"键，向右拖动一定距离，完成矩形的复制，如图 2-3-27 所示。

　　使用左侧工具栏中的文字工具绘制文本框，在文本框中输入"限时促销"和"惠享好礼"，设置字体为"黑体"、大小为"19点"、字符间距为"100"，选中文本框，移动到合适的位置，如图 2-3-28 所示。

　　（3）对联系方式进行排版。

　　使用左侧工具栏中的文字工具绘制文本框，在文本框中输入文字"021-88886666"，设置字体为"华文隶书"、大小为"21点"、字符间距为"100"，选中文本框，移动到合适的位置，如图2-3-29所示。

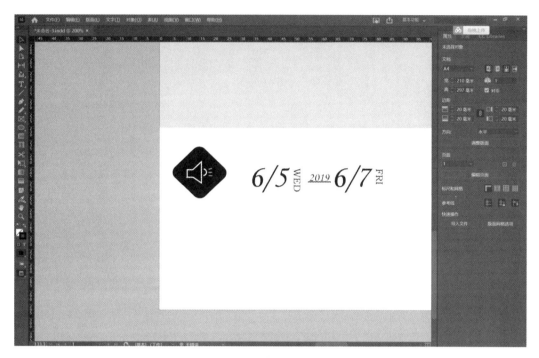

图2-3-26　促销信息和时间排版（6）

图2-3-27　促销信息和时间排版（7）

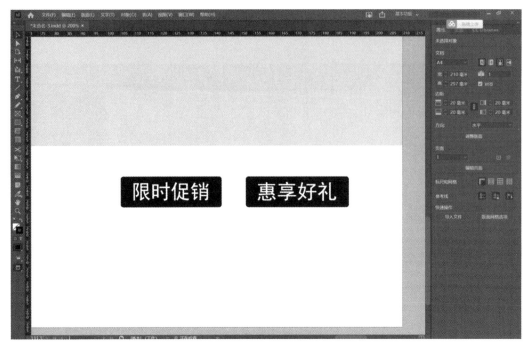

图 2-3-28　促销信息和时间排版（8）

图 2-3-29　联系方式排版（1）

　　使用左侧工具栏中的文字工具绘制文本框，在文本框中输入文字"商铺电话"和"商铺地址"，设置字体为"黑体"、大小为"12点"、字符间距为"100"，选中文本框，移动到合适的位置，如图 2-3-30 所示。

图 2-3-30　联系方式排版（2）

使用左侧工具栏中的文字工具绘制文本框，在文本框中输入"上海市浦东新区高科西路 888 号 666 弄"，设置为图 2-3-31 所示的样式，选中文本框，移动到合适的位置。

图 2-3-31　联系方式排版（3）

使用左侧工具栏中的直线工具绘制一条短直线，在属性面板中设置一定的旋转角度，调整为箭头形状，如图 2 - 3 - 32 所示。

图 2 - 3 - 32　联系方式排版（4）

04　预览并导出。点击页面空白处，按"W"键进行预览，检查无误导出即可。最终效果如图2 - 3 - 33所示。

图 2 - 3 - 33　最终效果图

 思考题

（1）海报上划分文字层级有什么作用？

（2）通过对端午节海报的学习设计，你知道了关于海报文字层级的哪些细节问题？

任务四：海报整体设计

任务描述

本任务主要是学习海报整体设计的基本知识和技巧，以及通过学习感动山传海报标题和人物的设计，掌握完整海报布局排版与整体设计流程，掌握 InDesign 软件中海报的设计方法，增强学生的责任意识，弘扬无私奉献的精神。

任务要求

（1）了解完整海报的组成要素。

（2）掌握 InDesign 软件海报整体设计的操作方法。

知识链接

一、海报的设计流程

☆知识链接：
海报整体设计

1. 明确研究项目

通过网络搜集与感动山传有关的海报类型，了解相关类型海报设计的特色及海报设计常用到的元素和颜色。确定海报设计的范围、海报设计的层次以及海报展现的对象和受众，明确海报设计的目的和意义。

在海报设计过程中，需要清楚整个海报的设计流程并逐一落实。海报设计过程与初步设计需要保持一致。大标题、资料选用、相片和标志需要提前统一，所设计的元素必须以适当的方式组合成有机整体。

2. 明确主题，寻找合适图片

主题是作品的灵魂。为保证作品主题明确、观点鲜明，要充分依据作品所要表达的核心意图和中心思想确定作品的主题。偏离主题，便达不到海报作品应有的宣传效果。

每个海报在设计的时都有自己的重点，其中最为重要的就是主题。想要突出主题并不容易，因为海报的主题有很多种，必须从中选择一个最佳的主题，然后对这个主题进行深化。

3. 定下设计草图

（1）前期准备：画草图时需要准备一支铅笔和一些与海报画幅同一比例的缩小画纸，缩小画纸一般为海报的 1/8～1/4。在这种缩小画纸上绘制的小图称为小草图。小草图主要表现整体构图效果，不必表现各组成要素的细节。

从小草图中选定两三张放大至海报画幅原大，并注意画幅中各种细节的安排及表现手法的图样称为设计草图。它一般要表示出标题、插图等的粗略效果，正文则采用划直线的方式代表字数和段落，直线与直线之间的距离代表着字的大小。应该注意的是，设计草图虽是海报制作的实验品，但却非常重要。有些小草图放大至设计草图后，效果上即有了显著变化，甚至失去了画面平衡。这时须对放大的稿子再作调整，重新安排画面各构成要素的比例、大小、位置、色彩、形态等。

（2）设计草图的注意事项：

① 画设计草图的时候要在脑子里有些想法，设计草图的形状和结构不一定要求特别准确，但是要能让别人在看的时候结合相关的解释看得懂；

② 设计草图还可以记录，因为每个设计都是灵感，画设计草图不好看没关系，只要可以达到能够回忆起自己想法的作用即可；

③ 设计也是一种创造，可以从一个虚幻的概念出发，凭借自己对设计的理解、对概念的解读，加上时不时冒出来的一些设计灵感，慢慢地画出一套方案；

④ 如果有一张表达设计想法的草图，再配合一些实际的案例照片，说明自己要设计和构造的想法，那么就会给参与者留下更深刻的印象，也会更理解方案。

设计草图案例如图 2-4-1～图 2-4-5 所示。

图 2-4-1 设计草图案例（1）

图 2-4-2 设计草图案例（2）

图 2-4-3　设计草图案例（3）

图 2-4-4　设计草图案例（4）

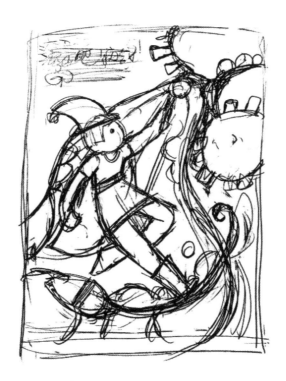

图 2-4-5　设计草图案例（5）

二、优秀海报设计案例

优秀海报设计案例如图 2-4-6 和图 2-4-7 所示。

图 2-4-6　优秀海报设计案例（1）

图 2-4-7　优秀海报设计案例（2）

📚 任务实施一：感动山传海报标题设计

01　新建文档，设置大小。设置宽度为"420 毫米"、高度为"297 毫米"、方向为横向、页面为"1"，如图 2-4-8 所示；点击"边距和分栏 ..."，设置边距和分栏为默认值。

☆任务实施：
感动山传海报
标题设计

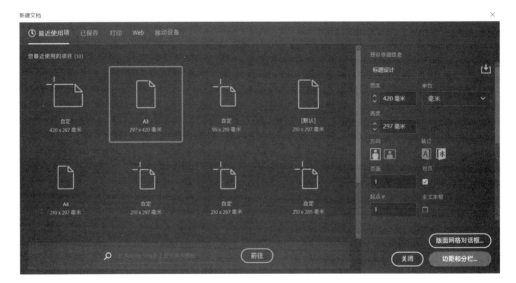

图 2-4-8　设置预设详细信息

02　使用左侧工具栏中的矩形工具绘制一个矩形，如图2-4-9所示。

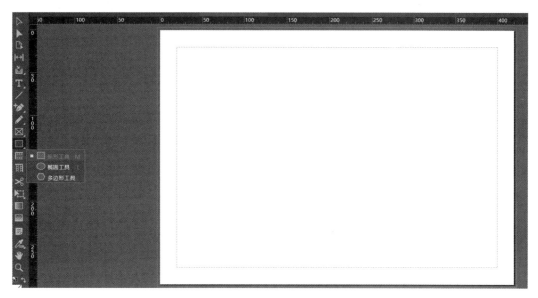

图2-4-9　绘制矩形

03　置入背景图。使用快捷键"Ctrl＋D"，将文件"感动山传背景图"置入InDesign软件内；选中图片，点击鼠标右键，在列表中选择"适合（F）"→"使内容适合框架（C）"，随后得到图片与所设置的长方形框同样大小的图片，如图2-4-10和图2-4-11所示。

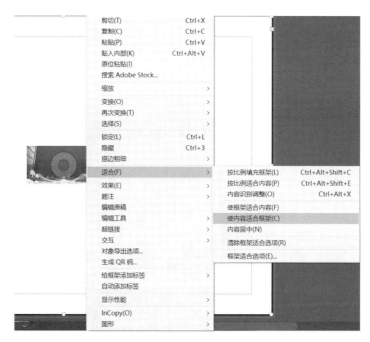

图2-4-10　选择"使内容适合框架（C）"路径

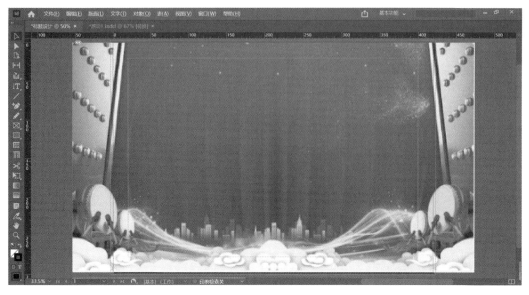

图 2-4-11 执行后效果图

04 输入并编辑主标题。使用左侧工具栏中的文字工具（见图 2-4-12）绘制文本框，在文本框中输入主标题文字"感动山传"，设置字体为"楷体"（选择具有力量感的字体，更好地展现海报主题正能量性）、大小为"180 点"、字符间距为"60 点"，如图2-4-13所示；在色板面板中新建颜色，设置 C、M、Y、K 值分别为 15、29、100、0，同时降低色调至 60％，如图 2-4-14 所示。

图 2-4-12 选中文字工具

图 2-4-13 设置主标题

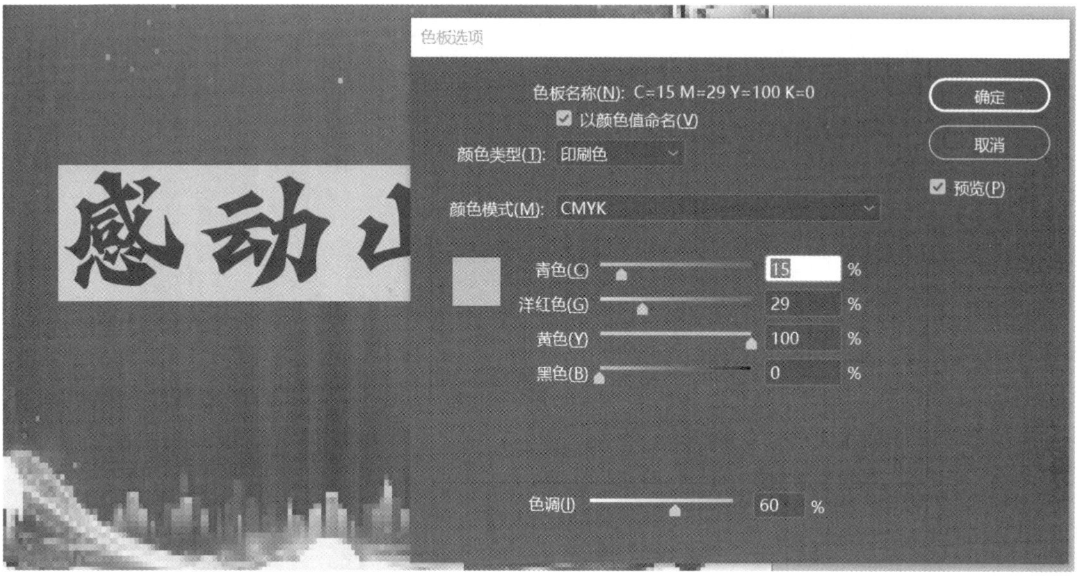

图 2 - 4 - 14　调整主标题颜色

05　输入并编辑副标题。同上，输入副标题文字"- 2021 感动山传十大人物评选-"，设置字体为"华文细黑"、大小为"44 点"，如图 2 - 4 - 15 所示；在颜色面板中将文字颜色更改为纸色，如图 2 - 4 - 16 所示。

图 2 - 4 - 15　设置副标题

06　预览并导出。点击页面空白处，按"W"键进行预览，检查无误导出即可。最终效果如图2 - 2 - 17所示。

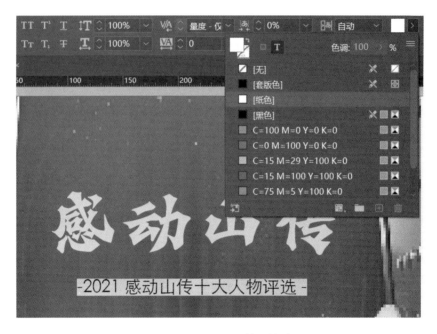

图 2 - 4 - 16　调整副标题颜色

图 2 - 4 - 17　最终效果图

📚任务实施二：感动山传海报人物设计

01 新建文档，设置大小。设置宽度为"210毫米"、高度为"297毫米"、方向为纵向，如图 2 - 4 - 18 所示；点击"边距和分栏 ..."，设置边距为"20毫米"、分栏为默认值。

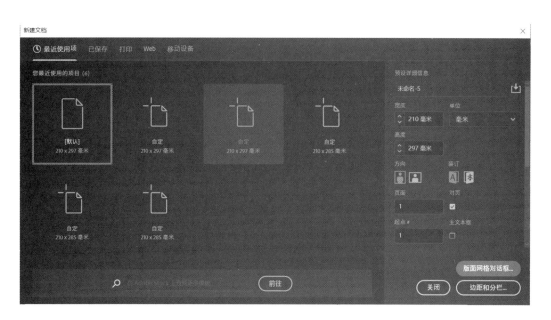

图 2-4-18 设置预设详细信息

02 使用左侧工具栏中的矩形工具绘制一个矩形，再点击右侧属性面板中的"填色"，设置 C、M、Y、K 值分别为 10、40、20、0，并取消描边，如图 2-4-19 所示。

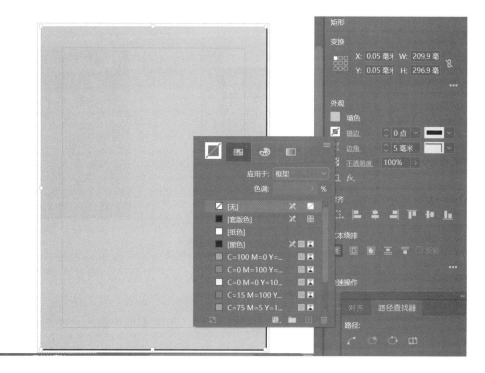

图 2-4-19 绘制矩形并调色

03 使用左侧工具栏中的文字工具绘制合适大小的文本框，在文本框中输入主题文字，设置字体为"新宋体"、大小为"18点"、行距为"30点"、颜色为黑色，如图2-4-20所示。

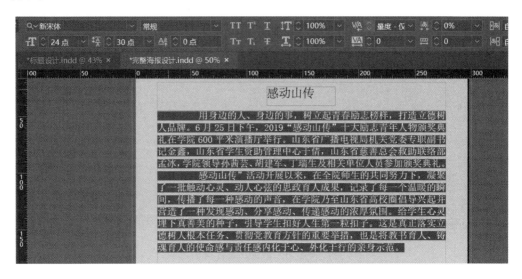

图2-4-20 输入主题文字并设置字体格式

04 使用左侧工具栏中的矩形工具绘制一个矩形，在页面右侧属性面板中选择"边角"→"角选项"，转角大小及形状均设置为"5毫米"、圆角，如图2-4-21所示。

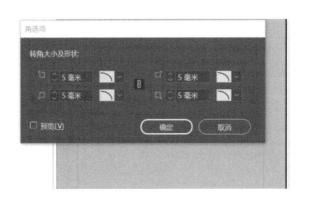

图2-4-21 设置圆角

05 在页面右侧属性面板中选择"填色"，选中合适的颜色，调整色调为40%即可，如图2-4-22所示。

06 使用左侧工具栏中的文字工具绘制文本框，在文本框中输入"感动山传"，设置字体为"宋体"、大小为"39点"、字符间距为"75"、对齐方式为居中对齐，如图2-4-23所示。

07 使用左侧工具栏中的矩形工具绘制一个矩形；使用快捷键"Ctrl＋D"置入图

片，选中图片，点击鼠标右键，在列表中选择"适合（F）"→"使内容适合框架（C）"，如图 2-4-24、图 2-4-25 所示；将图片移动到页面合适的位置。

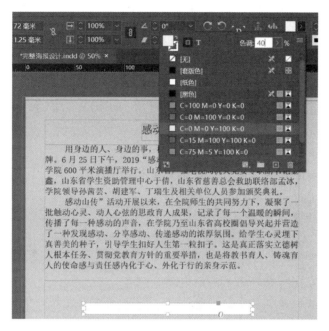

图 2-4-22　调色

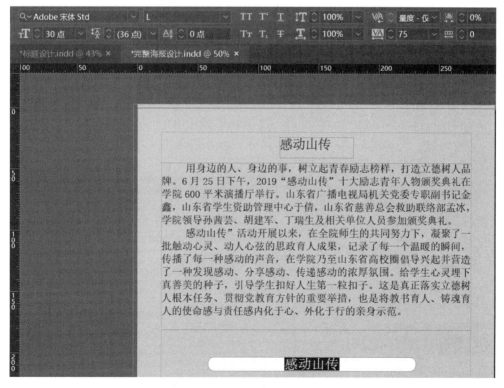

图 2-4-23　设置文字"感动山传"

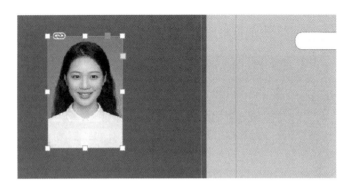

图 2-4-24　置入图片

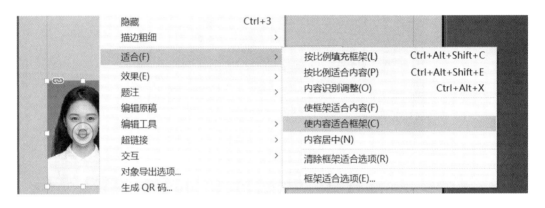

图 2-4-25　选择"适合（F）"→"使内容适合框架（C）"路径

08　选中图片，点击鼠标右键，在列表中选择"变换（O）"→"移动（M）"，弹出对话框，在对话框中设置水平移动"15 毫米"，同时选择"复制（C）"，点击"确定"，如图2-4-26～图 2-4-28 所示；使用快捷键"Ctrl＋Alt＋A"进行图片的复制、移动，如图2-4-29所示。

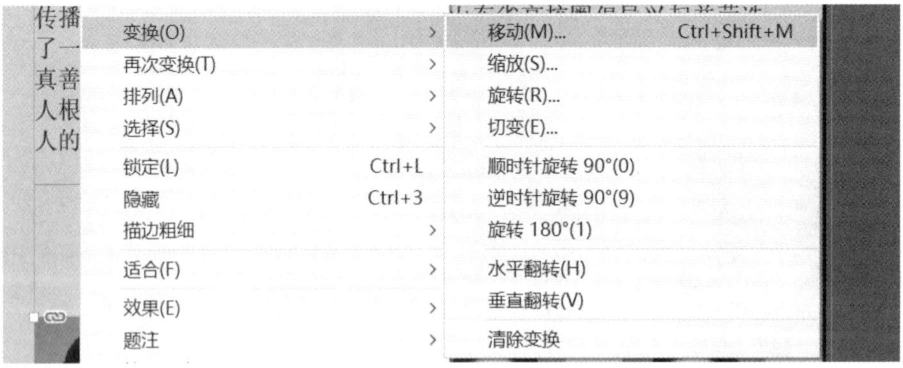

图 2-4-26　选择"变换（O）"→"移动（M）"路径

图 2 - 4 - 27 设置水平移动信息

图 2 - 4 - 28 选择"复制(C)"后效果图

图 2 - 4 - 29 图片复制、移动后效果图

09 使用左侧工具栏中的文本工具在图片下方绘制文本框，在文本框中进行名字输入并设置字体格式（如张明，设置字体为"宋体"、大小为"18 点"），进行复制、粘贴，如图 2 - 4 - 30 所示。

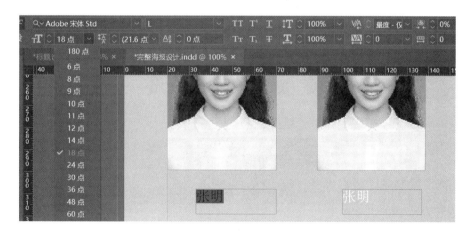

图 2 - 4 - 30 复制后效果图

10 添加底部装饰元素，丰富画面，并调整大小。使用左侧工具栏中的矩形工具在页面底部绘制矩形，使用快捷键"Ctrl ＋ D"置入素材，调整其与页面适合，如图 2 - 4 - 31 所示。

图2-4-31　添加底部装饰元素

⓫　预览并导出。点击页面空白处，按"W"键进行预览，检查无误导出即可。最终效果如图2-4-32所示。

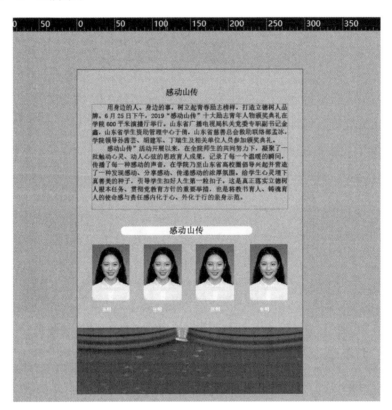

图2-4-32　最终效果图

思考题

（1）完整的海报设计都由哪些部分构成？最重要的环节是什么？

（2）通过对感动山传优秀人物的学习，你有什么感悟？

项目三

红色旅游景区宣传折页设计

— 项目导读 —

  在抗日战争和解放战争时期，在党和国家生死存亡的关键时刻，有些地区发挥了重要作用，如孟良崮地区，为了增进对革命圣地的了解，本项目将完成红色景区宣传折页设计。通过本项目的学习，学生能够理解宣传折页的种类、应用，掌握宣传折页封面设计方法、宣传折页图片的功能、宣传封面的设计方法和技巧，提高运用 InDesign 软件进行排版的能力。同时，能够增进学生对红色革命地区的了解，激发学生的爱国之情。

— 教学目标 —

  （1）了解宣传折页的分类和应用。

  （2）掌握 InDesign 软件文字排版的方法。

  （3）增强学生对红色文化的感性认识，激发学生的爱国之情。

任务一：宣传折页封面设计

✎ 任务描述

宣传折页主要是指四色印刷机彩色印刷的单张彩页，一般是为扩大影响力而做的一种纸面宣传材料。宣传折页封面是宣传折页设计艺术的门面。本任务主要是学习宣传折页封面设计的基本知识和技巧，通过学习宣传折页封面设计，掌握折页封面的类型，增强学生对折页设计的理解，提高学生运用 InDesign 软件进行图片和文字排版的能力。

◤ 任务目标

（1）了解宣传折页的种类和折法。

（2）掌握 InDesign 软件排版的技巧。

▨ 知识链接

☆知识链接：
宣传折页封面
设计

一、宣传折页的展示

宣传折页封面是宣传折页设计艺术的门面，它通过艺术形象设计的形式来反映其中的内容。在当今琳琅满目的宣传折页中，宣传折页封面起到了一个无声"推销员"的作用，它的好坏在一定程度上会影响人们的观看欲望。

有的封面设计侧重于某一点，如以文字为主体的封面设计，设计者在字体的形式、大小、疏密和编排设计等方面都比较讲究，在传播信息的同时给人一种韵律美的享受。另外，封面标题字体的设计形式必须与内容和读者对象相统一。宣传折页示例如图 3-1-1～图 3-1-6 所示。

图 3-1-1　宣传折页示例（1）

图 3-1-2　宣传折页示例（2）

图 3 - 1 - 3　宣传折页示例（3）

图 3 - 1 - 4　宣传折页示例（4）

图 3 - 1 - 5　宣传折页示例（5）

图 3 - 1 - 6　宣传折页示例（6）

二、宣传折页设计的原则

1. 清晰与易读性

设计师在进行设计时应该注意版面布局；确保每个部分内容都正确放置，而不是混淆在一起；注意字符间距、行距、段落间距；避免超过三种类型的字体；让布局看起来更加自然、和谐。

2. 艺术与装饰性

注重版面的装饰性，一般采用对称式结构，形成比较严谨、朴实、端庄的风格。一款精美的折页版面能够吸引消费者的注意力，因此设计时必须要简洁明了，更应注重版面的装饰。艺术与装饰性示例如图 3 - 1 - 7 所示。

图 3 - 1 - 7　艺术与装饰性示例

3．趣味与独创性

独创性本质上是突出个性特征的元素。鲜明的主题设计是版面布局的灵魂。版面设计应具有生动、活泼的特点，想方设法融入趣味的元素，调动读者的兴趣。趣味与独创性示例如图 3－1－8 所示。

图 3－1－8　趣味与独创性示例

4．整体与协调性

版面布局的整体与协调性就是要加强版面布局设计中各种元素及布局的结构和色彩。整体与协调性示例如图 3－1－9 所示。

图 3－1－9　整体与协调性示例

三、宣传折页设计的思路

设计折页时，要整体考虑折页设计思路与内页上的文字主题内容、插画图片、标题等统一、相互呼应。根据文字主题内容设定折页的规格和尺寸。折页设计思路示例如图3-1-10所示。

图3-1-10　折页设计思路示例

四、宣传折页种类

（1）包心折：包心折也称为连续折，是指折页按页码排列顺序，折好第一折后的纸边夹在中间折缝内，再折第二或第三折后成为一帖的方法，如图3-1-11所示。

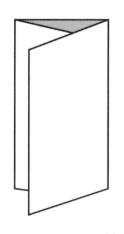

图3-1-11　包心折

（2）关门折（有两折线）：将折页沿着四分之一的对折线，由左右向内折叠，正好像两扇门，如图3-1-12所示。

（3）风琴折（扇子折）：像扇子一样的折法，通常在六折以内比较符合成本，如图3-1-13所示。

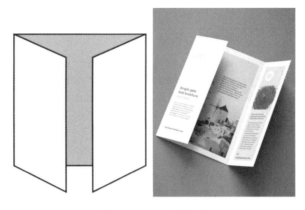

图 3-1-12　关门折

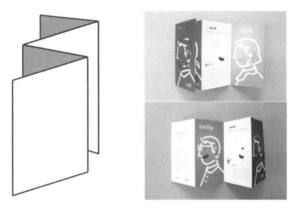

图 3-1-13　风琴折

（4）对折：纸的两边对折，只有一条折线，如图 3-1-14 所示。

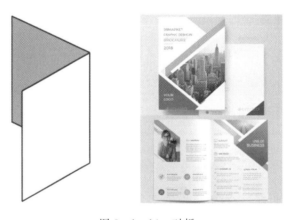

图 3-1-14　对折

（5）十字折：先左右对折，再垂直对折，展开之后可见"十"字形状的折线，如图3-1-15所示。

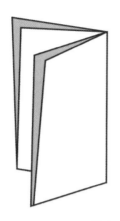
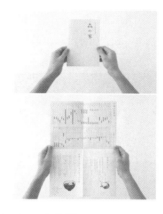

图 3-1-15　十字折

五、宣传折页的尺寸大小

宣传折页的尺寸通常是指折页的展开尺寸。常规尺寸是 A3 和 A4。A4 三折页的设计尺寸为 216 毫米×291 毫米，折叠后的成品尺寸为 210 毫米×95 毫米。A3 三折页的设计尺寸通常为 426 毫米×291 毫米，折叠后的成品尺寸为 140 毫米×285 毫米。

任务实施：宣传折页封面设计

01　新建文档，设置大小。设置宽度为"138.75 毫米"、高度为"260 毫米"、方向为纵向、页面为"8"；点击"边距和分栏..."设置边距的上、下、内、外参数分别为"30 毫米""17 毫米""17 毫米""17 毫米"，设置分栏为默认值，如图 3-1-16 所示。

☆任务实施：
宣传折页封面
设计

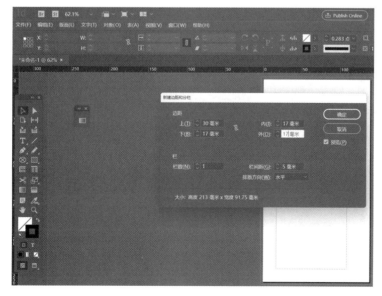

图 3-1-16　设置边距和分栏

02 设置封面背景。使用左侧工具栏中的矩形工具绘制一个和页面同样大小的矩形，选中矩形，将矩形填充为黑色，如图 3-1-17 所示。

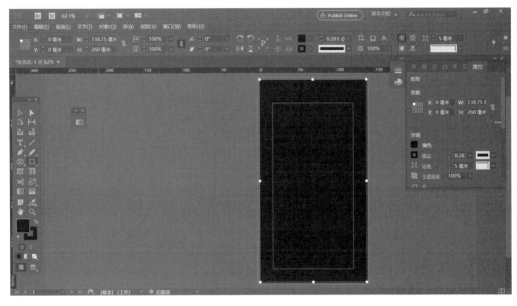

图 3-3-17 设置封面背景

03 设置标题文字。使用左侧工具栏中的文字工具绘制文本框，在文本框中输入"QIEZC"，设置字体为"方正细黑"、大小为"30 点"、颜色为红色，选中文本框，移动至合适的位置，如图 3-1-18 所示。

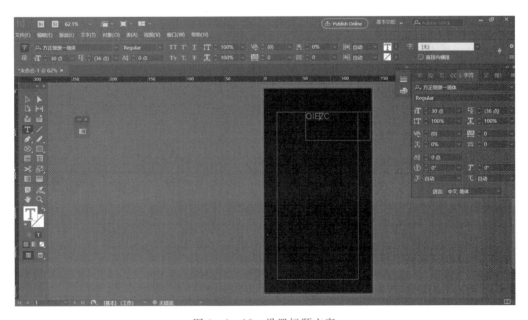

图 3-1-18 设置标题文字

04 使用左侧工具栏中的文字工具绘制文本框，在文本框中输入"精英商务城"，设置"精英"字体为"方正细黑"、大小为"30点"、颜色为黑色；设置"商务城"字体为"方正粗倩简体"、大小为"30点"、颜色为纸色，如图3-1-19所示。

05 使用左侧工具栏中的矩形工具绘制一个与"精英"字体大小相当的矩形，选中矩形，将矩形填充为红色，如图3-1-20所示；点击鼠标右键，选择"排列（A）"→"后移一层（B）"，微调至合适的位置，如图3-1-21所示。采用同样的方式绘制一个矩形，调整描边粗细为"1点"，效果如图3-1-22所示。

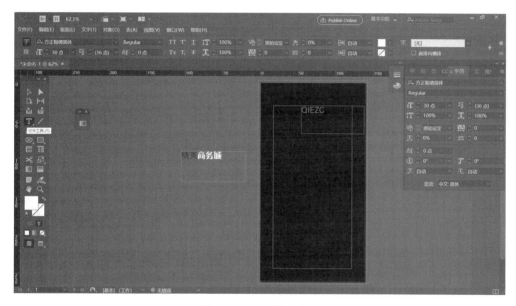

图 3-1-19 设置文字

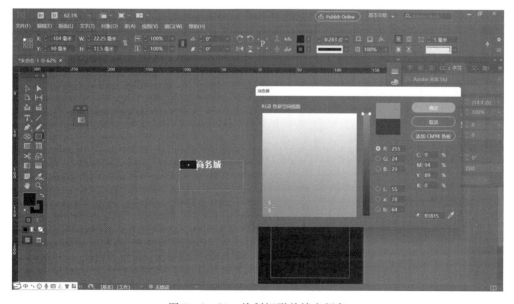

图 3-1-20 绘制矩形并填充颜色

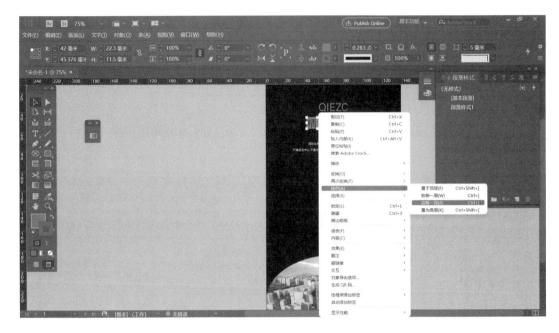

图 3-1-21　选择"后移一层（B）"路径

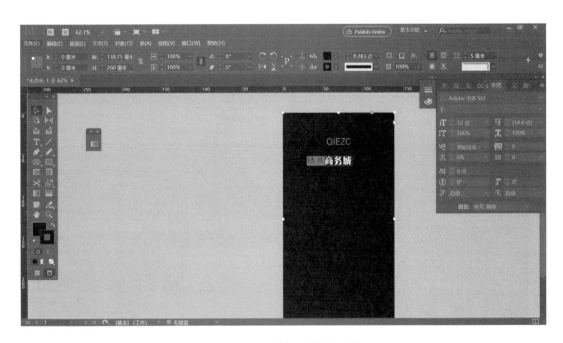

图 3-1-22　绘制矩形并设置描边

06　使用左侧工具栏中的文字工具在矩形的上端绘制文本框，在文本框中输入"世界城市发展研究中心项目 World City Develop Stud Centre Item 西部·产业 CBD"，设置字体为"方正细黑—简体"、大小为"8 点"，微调至合适的位置，如图 3-1-23 所示。

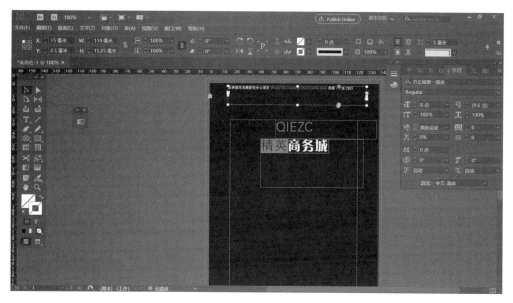

图 3-1-23 设置文字 (1)

07 使用左侧工具栏中的文字工具在"QIEZC"和"精英商务城"之间绘制文本框，在文本框中输入"QIN JIAN ESSENCE AFFAIRS CITY"，设置字体为"华文宋体"、大小为"11 点"、颜色为纸色，字符间距为"-20"，如图3-1-24所示。

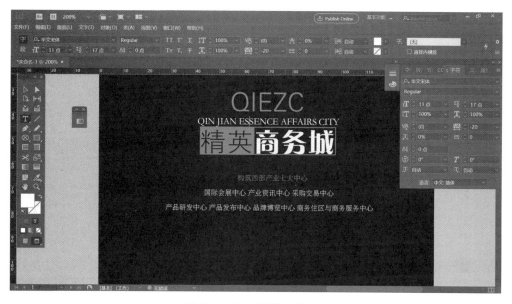

图 3-1-24 设置文字 (2)

08 使用左侧工具栏中的文字工具在"精英商务城"下方绘制文本框，在文本框中输入"构筑西部产业七大中心""国际会展中心 产业资讯中心 采购交易中心""产品研发中心 产品发布中心 品牌博览中心 商务住区与商务服务中心"，设置字体为"华文宋体"、大小为"8 点",通过空格键调整每一行的位置使其呈现梯形状,如图 3 - 1 - 25 所示。

图 3 - 1 - 25　设置文字(3)

09　置入高楼大厦图片。使用左侧工具栏中的椭圆工具绘制椭圆,选中椭圆,置入图片,并调整图片至合适大小,如图 3 - 1 - 26 所示。

图 3 - 1 - 26　置入图片

10　预览并导出。点击页面空白处，按"W"键进行预览，检查无误导出即可。最终效果如图3-1-27所示。

图3-1-27　最终效果图

思考题

（1）在网络上搜索折页封面设计样式，试分析宣传封面的技巧。

（2）尝试用不同的折法，对折页进行折叠。

任务二：宣传折页图片设计

任务描述

本任务主要是学习宣传折页图片设计的基本知识和技巧，以及通过学习孟良崮景区宣传折页图片设计，了解宣传折页的种类、应用和图片设计方法，提高学生运用 InDesign 软件进行图片设计的能力，增强学生对红色文化的感性认识。

任务要求

（1）掌握宣传折页图片设计方法。
（2）掌握运用 InDesign 软件进行图片排版的方法。
（3）增强学生对红色文化的感性认识，激发学生的爱国之情。

知识链接

☆知识链接：
宣传折页图片
设计

一、经典的宣传折页图片设计示例

经典的宣传折页图片设计示例如图 3－2－1 所示。

图 3-2-1　经典的宣传折页图片设计示例

二、印刷工艺、拼版常识

1. 常用纸张

（1）铜版纸。铜版纸又称为涂布印刷纸，它是以原纸涂布白色涂料制成的高级印刷纸。铜版纸的英文原名是 Art Paper，它是一个舶来品的俗名。

铜版纸是印刷中使用较多的纸张之一。这种纸是 19 世纪中叶由英国人首先研制出来的一种涂布加工纸。将又白又细的瓷土等调和成涂料，均匀地刷抹在原纸的表面上（涂一面或双面），便制成了高级的印刷纸。

（2）哑粉纸。哑粉纸的正式名称为无光铜版纸，如图 3-2-2 所示。在日光下观察，与铜版纸相比，其反光较弱。用哑粉纸印刷的图案，虽没有铜版纸色彩鲜艳，但图案比铜版纸更细腻，看上去更高档。

图 3-2-2　哑粉纸

2. 纸张开型

（1）全开/对开。纸张幅面大小的单位是开，即一张全开纸被裁切的页数。在宣传册中，每个面被称为 1 P，即一本大度 16 开的对折宣传册有 4 P（封面、封底、封二、封三）。

（2）纸张标准开型（成品）如图 3-2-3 所示。

① 大度纸尺寸：889 毫米×1194 毫米。对开：570 毫米×840 毫米；4 开：420 毫米×570 毫米；8 开：285 毫米×420 毫米；16 开：210 毫米×285 毫米；32 开：142 毫米×220 毫米，如图 3-2-4 所示。

② 正度纸尺寸：787 毫米×1092 毫米。对开：520 毫米×740 毫米；4 开：370 毫

米×520 毫米；8 开：260 毫米×370 毫米；16 开：185 毫米×260 毫米；32 开：130 毫米×185 毫米。

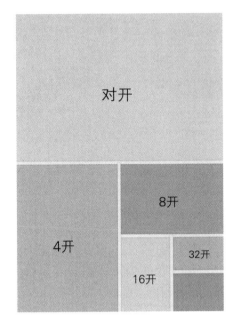

图 3-2-3 纸张标准开型（成品）

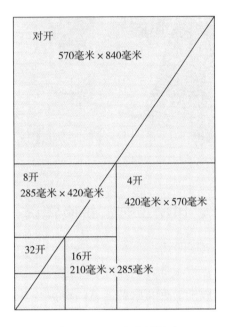

图 3-2-4 大度纸尺寸

3. 折页常见拼版方式

（1）16 开单页拼 4 开版（见图 3-2-5）。

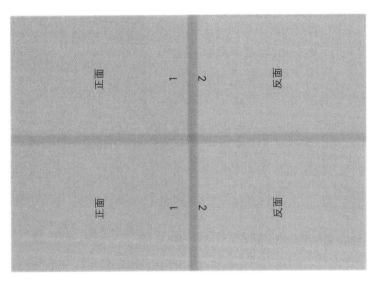

图 3-2-5 16 开单页拼 4 开版

将印刷品的正、背两面拼在一张版上，在印刷时印好一面，只将纸张左右翻转印另一面，不用换版，用这种方法拼的版叫作自翻版，这样既省时间又省制版费。

（2）16 开正背折页拼 4 开版（见图 3-2-6）。

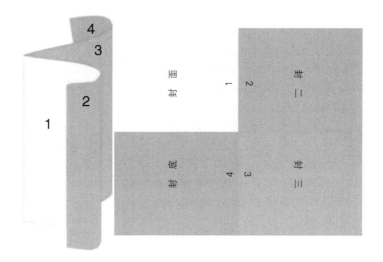

图 3-2-6　16 开正背折页拼 4 开版

在拼版之前，为了了解版面如何排布，可用一张纸按照成品的样式折、标注页码，将纸展开后可以得到拼版的排列顺序，用这种方法制作的模型叫作折手。

三、宣传折页中图片的处理方式

1. 图片对齐

在宣传折页的设计中，将图片处理成大小基本一致、采用某种对齐方式进行对齐是一种常见的图片处理方法（见图 3-2-7）。这种方法的缺点是版式略显呆板、缺乏变化。

图 3-2-7　图片对齐

2. 图片裁剪

将图片的局部进行放大，裁减掉部分，在不影响图片意图传达的情况下，还能增加版面的跳跃率，营造视觉冲击力（见图 3-2-8）。

图 3-2-8　图片剪裁

3. 图片中置入特殊形状

除常规的矩形外，在图片中置入三角形、平行四边形、圆形都是可以让版面变得更加活泼的办法。需要注意的是，特殊的形状要进行合理布局，才能保证在整个页面中不突兀（见图 3-2-9）。

图 3-2-9　图片中置入特殊形状

📚 任务实施：孟良崮景区宣传折页图片设计

☆**任务实施：**
孟良崮景区宣传
折页图片设计

01 新建文档，设置大小。设置宽度为"285 毫米"、高度为 "210 毫米"、方向为横向，如图 3 - 2 - 10 所示；点击"边距和分栏 …"，设置边距为"5 毫米"、栏数为"3"、栏间距为"0 毫米"，如图 3 - 2 - 11 所示。

图 3 - 2 - 10　设置预设详细信息

图 3 - 2 - 11　设置边距和分栏

02 使用左侧工具栏中的矩形工具在右侧页面上绘制一个矩形；使用左侧工具栏中的添加锚点工具，在矩形上添加一个锚点，如图 3 - 2 - 12 所示。

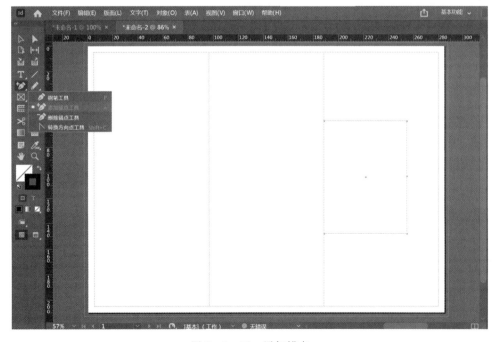

图 3 - 2 - 12　添加锚点

03 使用左侧工具栏中的删除锚点工具，删除矩形右上角和右下角两个锚点，矩形变成一个三角形，如图 3-2-13 所示。

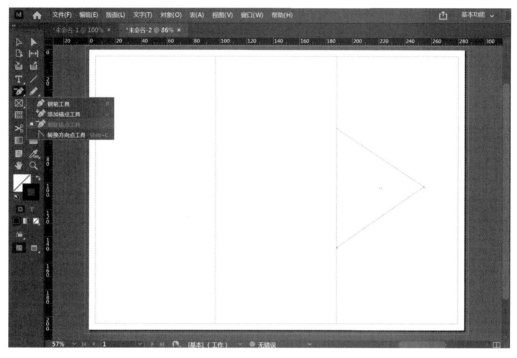

图 3-2-13 删除锚点

04 置入图片。先选中三角形，然后点击"文件（F）"→"置入（L）"，选择需要的图片填充在三角形内，如图 3-2-14 所示。选中三角形，点击鼠标右键，选择"适合(F)"→"按比例填充框架（L）"，如图 3-2-15 所示。选中三角形，设置描边为"无"，如图 3-2-16所示。

05 使用左侧工具栏中的钢笔工具在图片右上方绘制一个三角形，设置描边颜色为红色（C＝25，M＝95，Y＝75，K＝9）、描边粗细为"13点"，如图3-2-17所示。

06 使用左侧工具栏中的矩形工具绘制一个矩形，设置角度为"－43°"、倾斜为"2.5°"、描边颜色为灰色（C＝19，M＝19，Y＝22，K＝75）、描边粗细为"13点"，如图 3-2-18 所示。

07 使用左侧工具栏中的矩形工具在中间页面上端绘制一个矩形，使用快捷键"Ctrl＋D"在矩形上置入需要的图片，并调整好比例和清晰度，如图 3-2-19 所示。

08 使用左侧工具栏中的矩形工具在上一步骤置入的图片下方绘制一个矩形；选中左侧工具栏中的钢笔工具，点击鼠标右键，选择添加锚点工具，在所画的矩形中，添加两个锚点，如图 3-2-20 所示；选中左侧工具栏中的钢笔工具，点击鼠标右键，选择删除锚点工具，删除一个锚点，如图 3-2-21 所示；选中矩形，将矩形填充为红色（C＝25，

M＝95，Y＝75，K＝9），如图3-2-22所示。

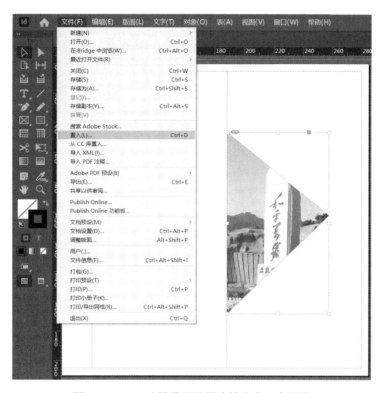

图3-2-14　选择需要的图片填充在三角形内

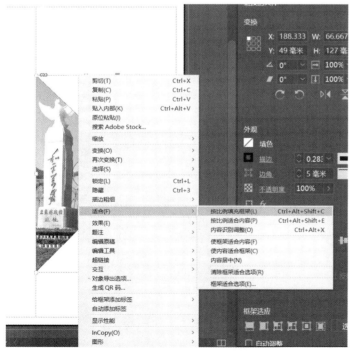

图3-2-15　选择"按比例填充框架（L）"路径　　　图3-2-16　设置描边为"无"

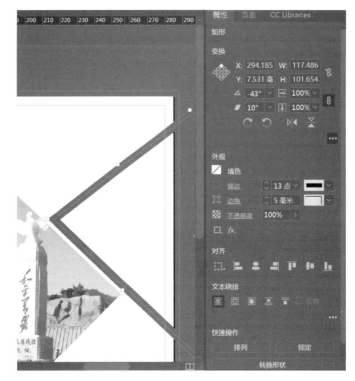

图 3-2-17　绘制并设置矩形（1）

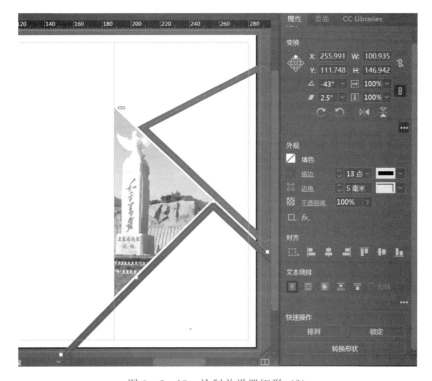

图 3-2-18　绘制并设置矩形（2）

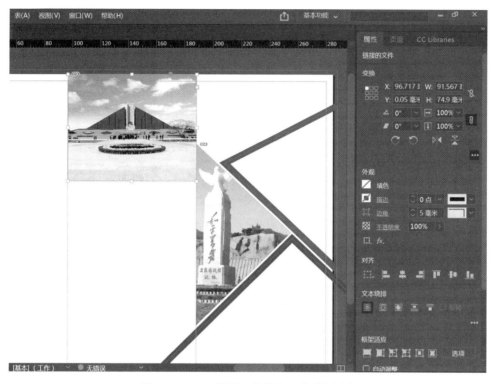

图 3-2-19　绘制矩形并置入需要的图片

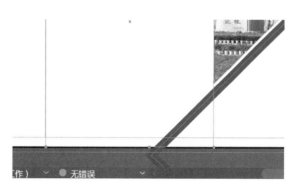

图 3-2-20　添加两个锚点

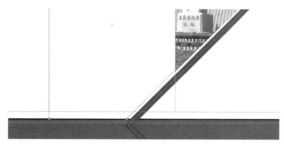

图 3-2-21　删除一个锚点

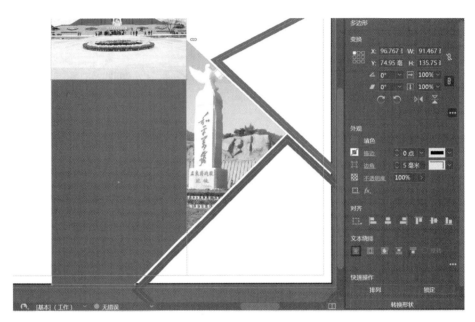

图 3 - 2 - 22　将矩形填充为红色

09　使用左侧工具栏中的钢笔工具在左侧页面下方区域绘制需要的图形形状，第一个锚点和最后一个锚点要重合，这样才可以形成一个闭合形状，如图 3 - 2 - 23 所示；选中刚才所绘制的图形形状，置入图片并进行比例和清晰度调整，如图 3 - 2 - 24 所示。

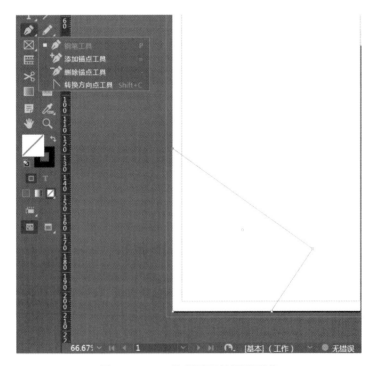

图 3 - 2 - 23　绘制需要的图形形状

图 3-2-24 置入图片

10 重复之前的步骤，可得到如图 3-2-25 所示的效果图。

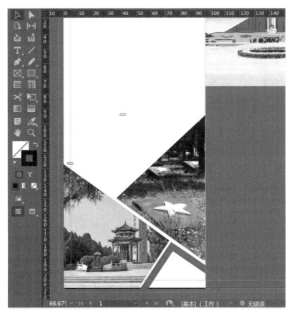

图 3-2-25 效果图

11 使用左侧工具栏中的矩形工具在右侧页面上方区域绘制一个矩形，设置描边颜色为红色（C＝25，M＝95，Y＝75，K＝9）、粗细为"1点"，如图3－2－26所示。

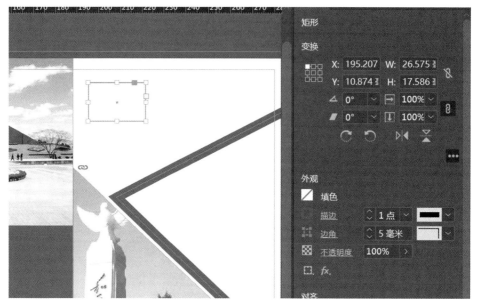

图3－2－26　绘制矩形并设置描边

12 使用左侧工具栏中的文字工具在上一步骤的矩形内绘制文本框，在文本框中输入"孟良崮"，设置字体为"方正大标宋GBK"、大小为"14点"；使用左侧工具栏中的文字工具在"孟良崮"下方绘制文本框，在文本框中输入"Meng liang gu"，设置字体为"Garamond"、大小为"10点"。文本框内置入文字效果如图3－2－27所示。

13 使用左侧工具栏中的文字工具在右侧页面下方区域绘制文本框，在文本框中输入"1947"，设置字体为"华文中宋"、大小为"17点"；使用左侧工具栏中的文字工具在"1947"下方绘制文本框，在文本框中输入"孟良崮战役"，设置字体为"方正黑体GBK"、大小为"12点"；使用左侧工具栏中的文字工具在"孟良崮战役"下方输入"山东省临沂市蒙阴县"，设置字体为"方正黑体GBK"、大小为"12点"；使用左侧工具栏中的文字工具在"山东省临沂市蒙阴县"下方绘制文本框，在文本框中输入"Menglianggu Campaign"，设置字体为"Book Antiqua"、大小为"8点"。选中4个文本框，设置对齐方式为右端对齐，右侧页面下方区域置入文字效果如图3－2－28所示。

14 使用左侧工具栏中的直线工具，在"孟良崮战役"和"山东省临沂市蒙阴县"之间水平绘制一条直线，设置描边颜色为红色（C＝25，M＝95，Y＝75，K＝9）、粗细为"0.75点"，描边效果如图3－2－29所示。

15 使用左侧工具栏中的文字工具在左侧页面上方区域输入如图3－2－30所示的文字，设置汉字标题字体为"方正黑体GBK"、大小为"12点"，英文标题字体为"Book

Antiqua"、大小为"12点",汉字正文字体为"华文宋体"、大小为"8点",英文正文字体为"Book Antiqua"、大小为"8点"。左侧页面上方置入文字效果如图3-2-30所示。

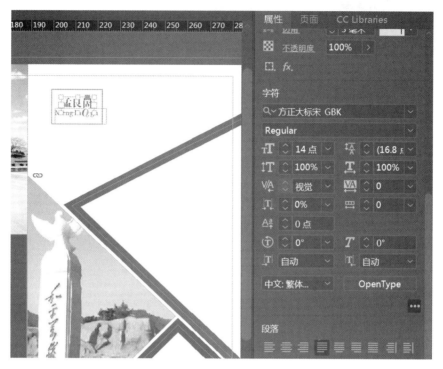

图3-2-27 文本框内置入文字效果图

图3-2-28 右侧页面下方区域置入文字效果图

图 3-2-29　描边效果图

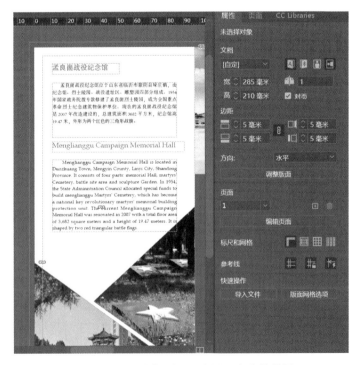

图 3-2-30　左侧页面上方置入文字效果图

16　重复以上步骤，在中间页面图片下方区域置入相关文字。

17　预览并导出。点击页面空白处，按"W"键进行预览，检查无误导出即可。最终效果如图3－2－31所示。

图3－2－31　最终效果图

思考题

（1）宣传折页中图片的处理方式有哪几种？

（2）在InDesign软件中，钢笔工具如何绘制曲线？

任务三：宣传折页段落设计

任务描述

在宣传折页中，文字的排版很重要，文字的排版不仅要让文字排列整齐，还要让人觉得美观。段落设计的样式是多样的，在宣传折页中，如果需要对大量的文字和段落进行排版，该怎样处理呢？本任务主要是学习宣传折页段落设计的基本知识和技巧，以及通过学习孟良崮景区宣传折页及整体设计，掌握运用InDesign软件中的段落样式快速进行排版的技巧。

任务要求

（1）了解段落排版的重要性。

（2）掌握 InDesign 软件中段落样式的使用方法。

（3）增强学生对孟良崮红色文化的感性认识，激发学生的爱国之情。

知识链接

折页中段落的设置方法如下。

（1）字体放大。通过将字体放大（见图 3-3-1 中的数字），与常规尺寸的文字形成强烈对比，再结合图文之间的错位编排形成留白效果。使用时要注意，针对不同的内容选择相应的字号进行放大。

☆**知识链接:**
宣传折页段落设计

图 3-3-1　字体放大的折页示例

（2）对齐编排。以对齐为主，让元素整齐的排版（见图 3-3-2）。使用时需要控制好元素之间的对比性和整体的留白感。

（3）网格编排。文字非常多的情况下，可以利用网格更好地布置版式和处理信息。通常来说，一个版面中纵向网格越多，版式就越灵活。网格的好处：较多的纵列数网格可以提供足够的版式空间去设计漂亮的版式；网格可以很好地营造留白。

（4）自由编排。自由编排完全没有规律性，其最大的特点是通过图片的张弛感来增加版面的节奏性，能使设计眼前一亮（见图 3-3-3）。

（5）水平布局。如果设计中需要更大的变化，那么可以尝试采用水平布局，来打破常规的折页布局（见图3-3-4）。

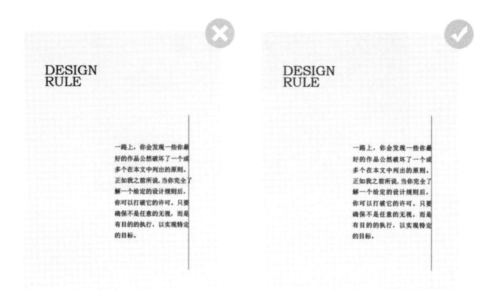

图3-3-2　对齐排版的折页示例

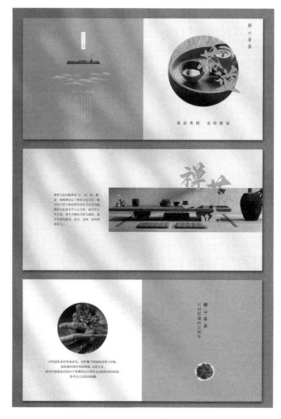

图3-3-3　自由编排的折页示例

图 3 - 3 - 4　水平布局的折页示例

（6）特殊工艺。除了平面上的创意，还可以在折页工艺或折叠方式上做些有趣的设计，以提高折页的档次（见图 3 - 3 - 5）。这其实是给折页赋予了装饰功能，但往往制作成本比较高，一般要在一些重大项目中才会用到。

图 3 - 3 - 5　特殊工艺的折页示例

任务实施：孟良崮景区宣传折页设计

☆任务实施：
孟良崮景区宣
传折页设计（1）

☆任务实施：
孟良崮景区宣
传折页设计（2）

☆任务实施：
孟良崮景区宣
传折页设计（3）

01 新建文档，设置大小。设置宽度为"95毫米"、高度为"210毫米"、页面为"3"，如图3-3-6所示；点击"边距和分栏..."，设置边距为"10毫米"、分栏为默认值。

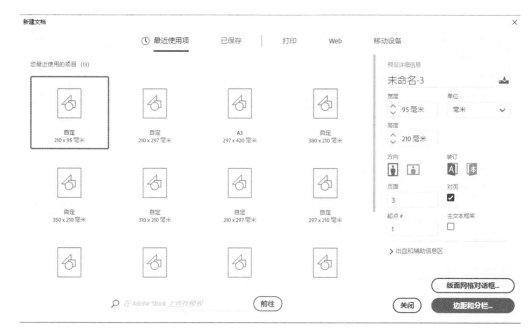

图3-3-6 新建文档

02 在右侧属性面板点击页面面板，点击右上角展开按钮，不勾选"允许文档页面随机排布（D）"，用鼠标拖动页面至第一页（右侧），如图3-3-7和图3-3-8所示。

图3-3-7 不勾选"允许文档页面随机排布（D）"路径

03 使用左侧工具栏中的多边形工具在页面空白处点击鼠标右键，在弹出的多边形对话框中设置多边形宽度和高度均为"20毫米"，如图3-3-9所示。

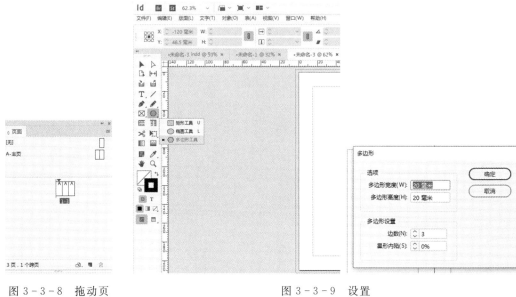

图3-3-8 拖动页
面至第一页（右侧）

图3-3-9 设置
多边形宽度和高度

04 使用左侧工具栏中的多边形工具在右侧空白页面绘制出大小不等的三角形，设置颜色为红色，如图3-3-10所示。

图3-3-10 绘制大小不等的三角形

05 使用左侧工具栏中的文字工具在右侧页面上绘制文本框，在文本框中输入"孟良崮景区"，设置字体为"汉仪大黑简"、大小为"42 点"、颜色为红色，选中文本框，移动到合适的位置，如图 3 - 3 - 11 所示。

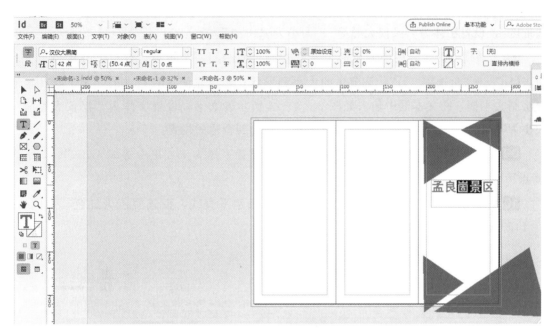

图 3 - 3 - 11　设置文字"孟良崮景区"

06　使用左侧工具栏中的文字工具在"孟良崮景区"下方区域绘制文本框，在文本框中输入如图 3 - 3 - 12 所示的文字，设置字体为"方正中等线 GBK"、大小为"8 点"、行距为"12 点"，选中文本框，移动到合适的位置。

图 3 - 3 - 12　设置文字

07 使用左侧工具栏中的矩形工具在文字下方绘制两个矩形，点击右侧属性面板，将两个矩形的左边角设置为圆角，并将矩形填充为红色，描边为无。使用左侧工具栏中的文字工具在矩形上绘制文本框，在文本框中分别输入"孟良崮战役纪念馆""孟良崮战役遗址区"，设置字体为"汉仪大黑简"、大小为"10 点"。

08 使用左侧工具栏中的矩形工具在左侧页面绘制一个矩形，点击上方菜单中"对象（O）"→"角选项（I）"，调节角的大小和形状；使用左侧工具栏中的文字工具在矩形上绘制文本框，在文本框中输入如图 3 - 3 - 13 所示的文字，设置字体为"汉仪大黑简"、大小为"17 点"、颜色为纸色，选中文本框，移动到合适的位置。

09 重复以上步骤，输入段落正文文字，设置字体为"方正中等线 GBK"、大小为"8 点"、行距为"12 点"。

10 使用左侧工具栏中的直线工具绘制两条水平直线，设置颜色为红色，如图 3 - 3 - 14 所示。

图 3 - 3 - 13 设置文字

图 3 - 3 - 14 绘制两条水平直线

11 使用左侧工具栏中的多边形工具绘制五角星，将图形放在两条直线中间，如图 3 - 3 - 15 所示。

12 使用左侧工具栏中的矩形工具在第二页绘制 3 个正方形，设置描边粗细为"1 点"，选中正方形，置入图片，如图 3 - 3 - 16 所示。

13 使用左侧工具栏中的矩形工具绘制 3 个矩形，选中矩形，将矩形填充为黑色，设置色调为 16%，如图 3 - 3 - 17 所示。

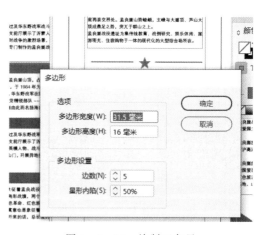

图 3 - 3 - 15 绘制五角星

图 3 - 3 - 16　绘制 3 个
正方形并置入图片

图 3 - 3 - 17　绘制 3 个矩形并将矩形填充为黑色

14　使用左侧工具栏中的文字工具在矩形上绘制文本框，在文本框中从上到下依次输入"传统教育""战例研究""缅怀先烈"，设置字体为"方正粗倩简体"、大小为"23点"、颜色为红色。

15　使用快捷键"Ctrl＋D"在下方置入修饰图片，将图片拖动到合适的位置，如图 3 - 3 - 18所示。

16　使用左侧工具栏中的文字工具在左侧页面中绘制文本框，在文本框中输入如图 3 - 3 - 19所示的文字素材。

图 3 - 3 - 18　置入修饰图形

图 3 - 3 - 19　输入文字素材

17 新建段落样式。使用快捷键"F11"打开段落样式选项，点击"创建新样式"，如图3-3-20所示。双击段落样式1，弹出段落样式选项对话框，修改样式名称为"1页小标题"，如图3-3-21所示。

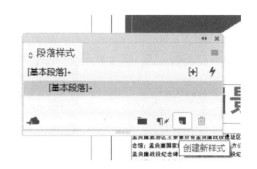

图3-3-20 新建段落样式

18 设置标题段落样式。

（1）在字符颜色选项中，设置字符颜色为纸色（C＝0，M＝0，Y＝0，K＝0），如图3-3-22所示。

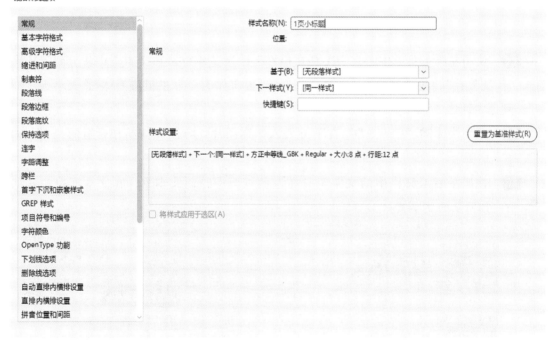

图3-3-21 修改样式名称

（2）在基本字符格式选项中，设置字体为"幼圆"、大小为"14点"、行距为"12点"，如图3-3-23所示。

（3）在缩进和间距选项中，设置段后距为"4毫米"，如图3-3-24所示。

（4）在段落线选项中，勾选"启用段落线（U）"，设置颜色为红色、粗细为"19点"、位移为"－1毫米"、左缩进为"－1毫米"、右缩进为"0毫米"，如图3-3-25所示。

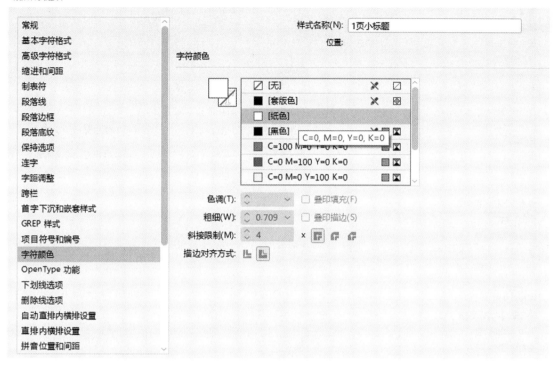

图 3 - 3 - 22　设置字符颜色

图 3 - 3 - 23　设置基本字符格式

图 3 - 3 - 24　设置缩进和间距

图 3 - 3 - 25　启用段落线

19 执行段落样式。将光标置于需要改变的标题上，点击段落样式中的"1页小标题"，即应用了段落样式。

20 使用快捷键"Ctrl＋D"在下方置入修饰图片，将图片拖动到合适的位置。

21 预览并导出。点击页面空白处，按"W"键进行预览，检查无误导出即可。最终效果如图3-3-26所示。

图3-3-26 最终效果图

思考题

（1）在段落设计中，段前距和段后距的作用是什么？

（2）通过对宣传折页的文字段落设计的学习，你对对齐原则的运用有什么更深的感悟？

任务四：宣传折页整体设计

◥ 任 务 要 求

本任务主要是学习宣传折页整体设计的基本知识和技巧，通过学习孟良崮景区宣传折页整体设计，掌握折页网格排版的作用和使用方法，掌握运用 InDesign 软件进行不规则图片的设计、排版以及标题文字的处理方法，增强学生对红色文化的感性认识，激发学生的爱国之情。

◥ 任 务 目 标

（1）了解宣传折页网格排版的方法。

（2）掌握 InDesign 软件排版的方法。

（3）提升审美能力，培养良好的职业素养。

知 识 链 接

在版面设计中，我们常用构建网格系统的方式来进行图文排布，以使信息传达清晰、布局美观、阅读节奏合理。在实际操作过程中，我们要根据具体的工作内容来选择合适的网格类型，并设置合理的参数。以下是宣传折页设计中使用的几种网格模式。

☆知识链接：
宣传折页整体
设计

（1）第一类：单栏网格（Single Grid/Single Column Grid）。

单栏网格是所有网格的最基础形式，多用于以文字为主的版面。我们在日常生活中看到的书籍通常运用单栏网格。单栏网格分隔出页面的页眉、页脚和边距，以一个方框的形式呈现（见图 3-4-1），框内是版心部分，因此它是其他各种网格的基础。各种编辑软件的默认网格也是单栏网格，如 Word、Keynote 等，只不过它的方框线通常是隐藏的，所以容易被忽略。

（2）第二类：分栏网格（Column Grid）。

分栏网格适用于图文混排的版面。杂志、网站、报纸等媒体多用分栏网格来系统性地排布大量文字与图片结合的版面。杂志排版以三栏最为普遍，如图 3-4-2 所示。分栏可以是等宽差异化分布，如图 3-4-3 所示。

图 3-4-1　单栏网格示例

图 3-4-2　分栏网格

图 3-4-3　分栏网格示例

（3）第三类：模块网格（Modular Grid）。

模块网格在分栏的基础上进一步分栏，在版面上形成规律排列的方格，如图 3-4-4 所示。模块网格适合用来布置复杂多变的内容，规律化的方形网格为内容的排列方式提供了更多的可能性，灵活性很强。模块网络示例如图 3-4-5 所示。

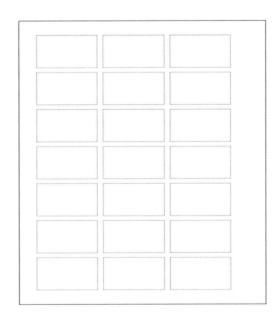

图 3-4-4　模块网格

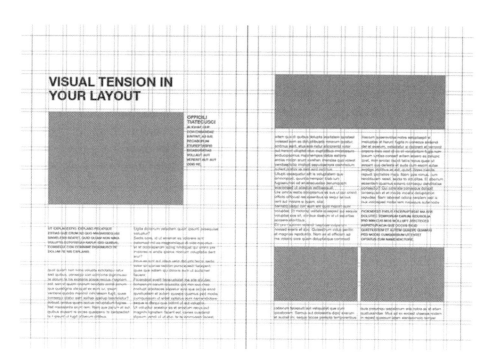

图 3-4-5　模块网格示例

（4）第四种：基线网格（Baseline Grid）。

基线网格并不是一种独立的形式，上述三种网格设置了基线之后都可以成为基线网格，如图 3-4-6 和图 3-4-7 所示。使用基线网格主要是为了方便大面积的文本排版，使阅读的流畅感更强。但要注意的是，基线并不是必须显示的，因为像模块网格这样的系统本身在设置的时候就是根据文字的行数关联设置了尺寸，所以即使没有设置为基线网格，文本的基线也是存在的。

图 3-4-6　基线网格

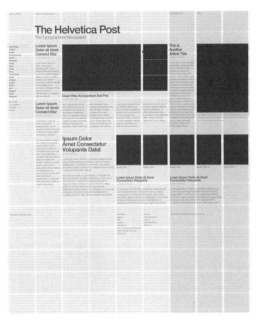

图 3-4-7　基线网格示例

📚 **任务实施：孟良崮景区宣传折页整体设计**

01　新建文件，设置大小。设置宽度为"297 毫米"、高度为"210 毫米"、方向为横向，如图 3-4-8 所示；点击"边距和分栏…"，设置边距和分栏为默认值。

☆**任务实施：**孟良崮景区宣传折页整体设计

图 3-4-8　设置预设详细信息

02 使用左侧工具栏中的矩形工具绘制矩形，在矩形上使用快捷键"Ctrl＋D"置入需要的图片，如图3-4-9所示。选中图片，点击鼠标右键，在列表中选择"适合（F）"→"按比例填充框架（L）"，可拉动图片中心圈进行图片位置调整，如图3-4-10所示。

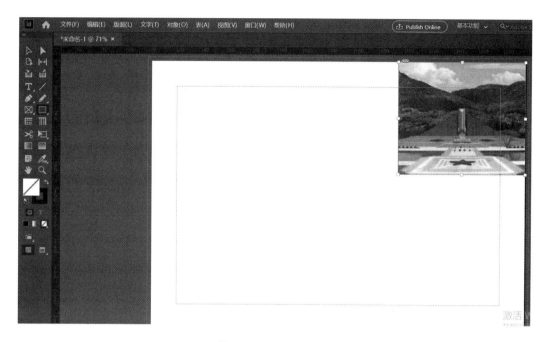

图 3-4-9 置入图片

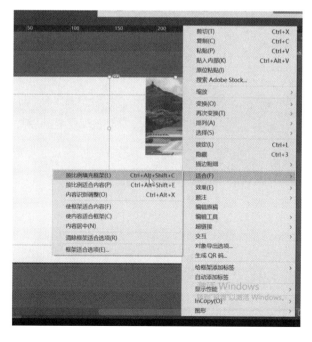

图 3-4-10 选择"按比例填充框架"路径

03 使用左侧工具栏中的矩形工具在页面左侧绘制一个矩形，将矩形填充为红色（C=15，M=100，Y=100，K=0）、描边为"无"，如图 3-4-11 所示；使用左侧工具栏中的钢笔工具，根据需要三角形的大小在图片上点击三个顶端绘制一个三角形，将三角形填充为红色（C=15，M=100，Y=100，K=0），如图 3-4-12 所示。

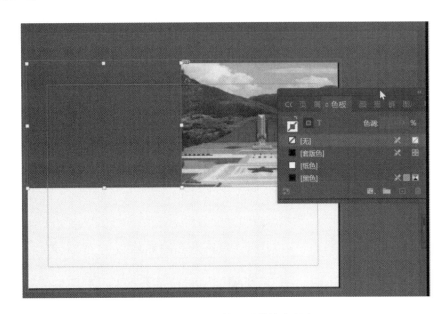

图 3-4-11　绘制矩形并填充颜色

图 3-4-12　绘制三角形并填充颜色

04 使用左侧工具栏中的文字工具绘制文本框，在文本框中输入"Real estate brochure fold"，设置字体为"Microsoft JhengHei"、大小为"24 点"、颜色为纸色、描边为"无"。使用左侧工具栏中的直线工具，按"Shift"键在标题下绘制一条直线，设置粗细为"3 点"，点击"色板"，设置填充颜色为纸色，如图 3-4-13～图 3-4-15 所示。

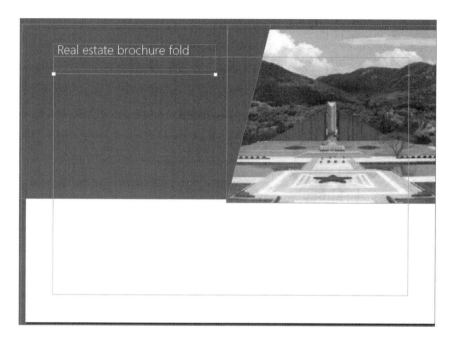

图 3-4-13 输入文字

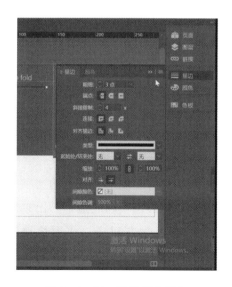

图 3-4-14 设置填充颜色

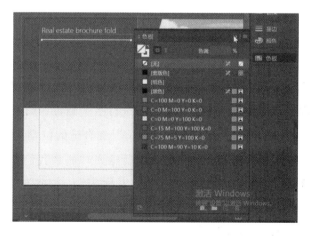

图 3-4-15 绘制一条直线

05 使用左侧工具栏中的文字工具在直线下方绘制文本框，在文本框中输入"孟良崮战役纪念馆"，设置字体为"黑体"、大小为"21点"、颜色为纸色；使用左侧工具栏中的文字工具在"孟良崮战役纪念馆"下方绘制文本框，在文本框中输入"基本介绍"，设置字体为"黑体"、大小为"20点"、颜色为纸色，选中文本框，移动到合适的位置；使用左侧工具栏中的文字工具在"基本介绍"下方绘制文本框，在文本框中输入如图3-4-16所示的段落文字，设置字体为"黑体"、大小为"17点"、颜色为纸色；使用左侧工具栏中的多边形工具在"基本介绍"前绘制2个五角星，设置边数为"5"，星形内陷为"40％"，如图3-4-17所示。

图3-4-16 设置段落文字

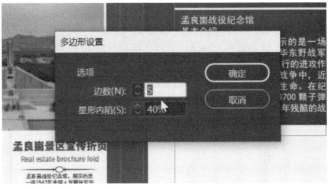

图3-4-17 设置多边形参数

06 设置标题文字。使用左侧工具栏中的文字工具绘制文本框，在文本框中分行输入"孟良崮景区宣传折页"和"Real estate brochure fold"，设置"孟良崮景区宣传折页"字体为"黑体"、大小为"27点"、颜色为红色，设置"Real estate brochure fold"字体为"Microsoft JhengHei"、大小为"20点"、颜色为红色。

07 制作箭头符号。使用左侧工具栏中的直线工具在标题文字下绘制一条直线，如图3-4-18所示；选中直线，点击描边工具，选择二号粗细，结束处选择向右箭头，将箭头符号填充为黑色，如图3-4-19所示；按"Alt"键拖动箭头符号进行复制，选中复制的箭头符号，点击鼠标右键进行水平翻转，调整位置即可。

08 使用快捷键"Ctrl+D"在合适的位置置入二维码；使用左侧工具栏中的文字工具绘制文本框，在文本框中分行输入"联系我们""电话：12345678"和"地址：山东省临沂市"，设置字体为"方正大标宋"、大小为"15点"、文字为左对齐。使用快捷键"Ctrl+D"在页面左侧置入需要的图片，使用左侧工具栏中的矩形工具绘制一个与置入的图片大小合适的矩形，设置描边粗细为"3号"、颜色为红色（C=15，M=100，Y=100，K=0）、填充为"无"，如图3-4-20所示。

图 3 - 4 - 18　设置标题文字

图 3 - 4 - 19　制作箭头符号

图 3-4-20　置入二维码和图片

09　使用左侧工具栏中的矩形工具按照图 3-4-21 所示绘制若干个矩形，中部矩形填充为红色（C＝15，M＝100，Y＝100，K＝0）；两边矩形填充为灰色（C＝77，M＝71，Y＝70，K＝37），描边均选择"无"，如图 3-4-21 所示。

图 3-4-21　绘制矩形并填充颜色

⑩　预览并导出。点击页面空白处，按"W"键进行预览，检查无误导出即可。最终效果如图3－4－22所示。

图3－4－22　最终效果图

思考题

（1）百度搜索一下孟良崮战役，说一说你对这场战争的理解和感悟。

（2）通过对本任务的学习，试着总结宣传折页的特点。

项目四

鲁迅相关书籍设计

━ 项目导读 ━━━━━━━━━━━━━━━━━━━━━━

鲁迅是我国伟大的文学家、思想家、革命家，他的文学作品和思想影响了中国共产党早期的行动，启发了民众的思想。为了激发学生对革命先烈的敬仰，本项目让学生完成鲁迅相关书籍的设计，加深对鲁迅作品的了解。通过本项目的学习，学生能够掌握书籍的排版方法，培养学生运用 InDesign 软件进行书籍排版的能力，增强学生对当今美好生活的珍惜之情。

━ 教学目标 ━━━━━━━━━━━━━━━━━━━━━━

（1）掌握书籍的设计方法。

（2）掌握 InDesign 软件文字排版的方法。

（3）增强学生对革命家的进一步了解。

任务一：书籍封面设计

任务描述

书籍封面凝聚着书的内在含义。设计者通过文字、图像、色彩等各种要素的组合，运用比喻、象征等手法将想要表达的信息体现在封面上。本任务主要是学习书籍封面设计的基本知识和技巧，以及通过学习《鲁迅全集》封面设计，掌握书籍封面设计的操作方法，加深学生对《鲁迅全集》及鲁迅先生的了解。

任务要求

（1）了解书籍封面的构成。
（2）掌握运用 InDesign 软件进行书籍封面设计的具体操作方法。

知识链接

☆知识链接：
书籍封面设计

一、书籍封面展示

书籍封面设计示例如图 4-1-1 和图 4-1-2 所示。

图 4-1-1　书籍封面设计示例（1）

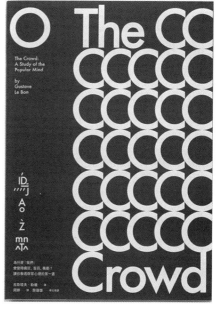

图 4-1-2　书籍封面设计示例（2）

二、书籍封面的结构

书籍封面中的文字信息主要有书名（包括丛书名、主书名、副书名）、作者名和出版社名。对于正式出版的书籍来说，封面设计中的文字信息还包括书号、条形码、定价等，有时还包括作者简介、内容简介、书籍内容描述、评论者评语、已出版作品目录等，见表4－1－1所列。

表4－1－1　书籍封面的结构

封　面	书　脊	封　底	勒　口
书名、作者名、出版社名	书名、作者名、出版社名	书号、条形码、定价、作者简介、内容简介、书籍内容描述、评论者评语、已出版作品目录	书号、条形码、定价、作者简介、内容简介、书籍内容描述、评论者评语、已出版作品目录

1．书名

书名是整个封面设计的核心内容。它是全书内容的高度概括，是封面设计中最重要的文字信息。要使书名在封面设计中具有视觉传达的魅力，书名的设计应该围绕着书名的字体、字号、位置、色彩等展开。

计算机字库中的字体简单实用，但缺乏个性和新鲜感。因此，设计者一般会通过置换、打散、增减、共用、借用等手法对书名的字体进行再设计，以传达特殊的视觉效果和审美趣味。

2．作者名

作者名是封面设计必要的文字信息，作者名的字号不宜过大，以能够看清为宜，其位置的安排没有固定的格式，可以根据版式设计的需要灵活编排。如果作者影响力较大，则需要把作者名放在突出的位置，以吸引读者的视线，但是不可超越书名的注目度。

3．出版社名

出版社名在封面设计中处于次要地位，一般被放在不太引人注目的地方，字号通常较小。对于大部分书籍而言，出版社名一般放在封面和书脊的底部。

📚 任务实施：《鲁迅全集》封面设计

☆任务实施：《鲁迅全集》封面设计

01　　新建文档，设置大小。设置宽度为"130毫米"、高度为"184毫米"、方向为纵向；点击"边距和分栏..."，设置边距和分栏为默认值，如图4－1－3所示。

02　　设置背景。使用左侧工具栏中的矩形工具在当前页面沿出血线绘制一个矩形，在色板工具栏里去掉描边并进行填色，设置颜色为C＝49、M＝31、Y＝48、K＝0，如图4－1－4所示。

图 4 - 1 - 3　设置预设详细信息

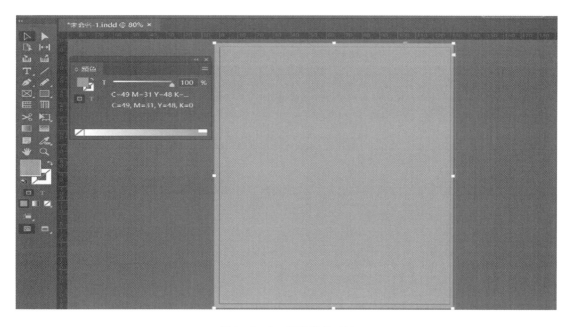

图 4 - 1 - 4　设置背景（1）

03　重复以上步骤，使用左侧工具栏中的矩形工具在上一个矩形上再绘制一个矩形，在色板工具栏里去掉描边并进行填色，设置颜色为 C＝4、M＝16、Y＝55、K＝0，如图 4 - 1 - 5所示。

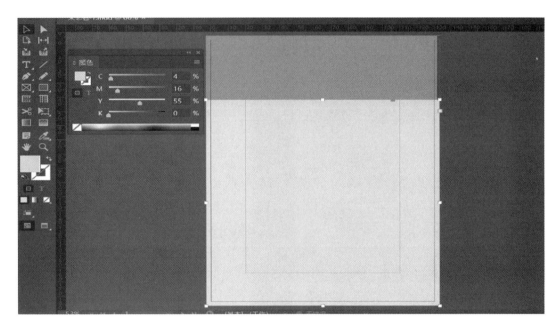

图 4-1-5　设置背景（2）

04　置入鲁迅头像图片并调整。使用快捷键"Ctrl＋D"置入鲁迅头像图片；选中左侧工具栏中的自由变换工具，同时按"Shift"键，将图片等比例调整到合适的大小，然后将图片移动到合适的位置，如图 4-1-6 所示。

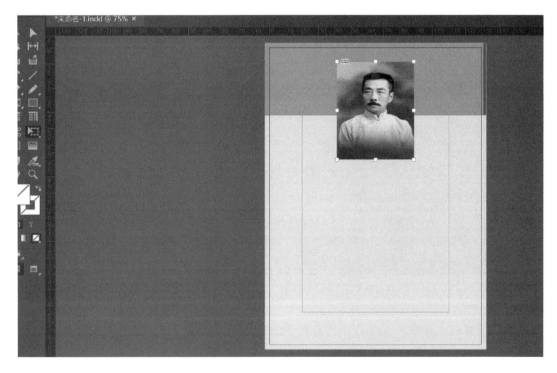

图 4-1-6　置入鲁迅头像图片并调整

05　置入文字并调整。

（1）使用左侧工具栏中的文字工具在页面合适位置绘制文本框，在文本框中输入"权威珍藏版"，设置字体为"华文行楷"、大小为"18 点"、字符间距为"100"，如图 4－1－7 所示。

图 4－1－7　置入文字并调整（1）

（2）使用左侧工具栏中的文字工具在"权威珍藏版"下方绘制文本框，在文本框中输入"鲁迅全集"，设置字体为"方正大标宋 GBK"、大小为"48 点"、字符间距为"100"，选中文本框，移动到合适的位置，如图 4－1－8 所示。

图 4－1－8　置入文字并调整（2）

（3）使用左侧工具栏中的文字工具在"鲁迅全集"下方绘制文本框，在文本框中输入"SELECTED WORK OF LUXUN"，设置字体为"华文隶书"、大小为"16点"、字符间距为"100"，选中文本框，移动到合适的位置，如图4-1-9所示。

图4-1-9 置入文字并调整（3）

（4）使用左侧工具栏中的文字工具在"SELECTED WORK OF LUXUN"下方绘制文本框，在文本框中输入"鲁迅 著"，设置字体为"华文中宋"、大小为"12点"、字符间距为"100"，选中文本框，移动到合适的位置，如图4-1-10所示。

图4-1-10 置入文字并调整（4）

（5）使用左侧工具栏中的文字工具在页面最下方绘制文本框，在文本框中输入"人民文学出版社"，设置字体为"华文隶书"、大小为"16点"、字符间距为"100"，选中文本框，移动到合适的位置，如图 4-1-11 所示。

图 4-1-11　置入文字并调整（5）

06　添加线条。选中左侧工具栏中的直线工具，按"Shift"键，在"权威珍藏版"的下方绘制一条水平直线，在描边面板中，设置描边粗细为"5点"、类型为"粗—细"，如图 4-1-12 所示。

图 4-1-12　添加线条

07 选中上步骤中的直线，按"Alt"键，将直线复制，向下移动一定的距离，然后将复制的直线缩短一定的长度，如图 4-1-13 所示。

图 4-1-13　添加直线

08 预览并导出。点击页面空白处，按"W"键进行预览，检查无误导出即可。最终效果如图 4-1-14 所示。

图 4-1-14　最终效果图

思考题

（1）书籍封面的主要构成部分有哪些？

（2）介绍一部你熟悉的鲁迅的文学作品。

任务二：书籍目录设计

任务描述

书籍目录一般放在书刊正文之前，它可以让读者了解本书的结构，知晓本书的思路。本任务主要是学习书籍目录设计的基本知识和技巧，以及通过学习《鲁迅作品选》目录设计，掌握制表符的操作方法、目录设计的技巧，加深学生对《鲁迅作品选》及鲁迅先生的了解。

任务要求

（1）了解目录的设计方法。

（2）掌握 InDesign 软件中制表符的使用方法。

知识链接

☆知识链接：
书籍目录设计

目录具有便于读者快速了解和查阅书籍内容的作用。目录排版的方式比较多样，常见的有以下几种。

（1）直线排版。直线在目录设计中的作用主要有连接、创造形式和信息区隔。

① 连接。把每节内容的标题与其对应的页码连起来，这是比较常规的一种做法，可以使目录更加清晰，重复排列的线条会形成统一、齐整的美感。采用这种排版方式时，标题与页码一般会设置成两端对齐，这样的效果更加整洁、清晰（见图4-2-1）。

② 创造形式。对于一些文字内容比较少的目录页，如果像图4-2-1一样排列会显得比较单调和小气，那么可以借助直线来增加其趣味性和张力（见图4-2-2）。因为内容不多，所以即使不严格对齐也不会影响阅读。

③ 信息区隔。在图4-2-3中，直线起到了两个信息区隔的作用：一是区隔页码与大标题；二是使七个大章节的内容独立开来。

图 4-2-1 直线连接排版示例

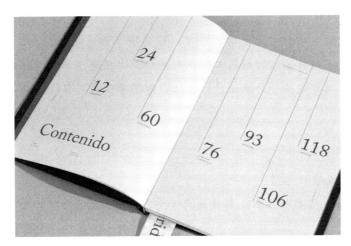

图 4-2-2 直线创造形式排版示例

图 4-2-3 直线信息区隔排版示例

（2）加图片。加图片适合内容比较少的目录。当目录有了图片后，似乎变成了一个内页版面，更加丰富、饱满。图片在目录设计中主要有以下两种用法。

① 概括章节的主要内容。其功能与标题一样，如果要使用这种方式，那么就需要为目录中的每个大标题都搭配对应的图片。

② 装饰。这里的图片不是与标题一一对应的，其目的就是消除纯文字目录的单调感，使版面更丰富、更好看。

（3）格子排版。格子排版即将目录中的元素（页码、标题、图片）用表格的形式来排列。这么做也可以使信息更加清晰、更有秩序。因为这种做法在目录设计中并不常见，所以显得很特别。

（4）大页码。页码或者序号是目录必不可少的元素。章节细分比较多的目录都会标明页码，而分类比较少的目录一般会用序列号来区分几个大板块。把页码或序号拉大并使用笔画比较粗的字体，除了可以使其更醒目以外，还可以增加版面的大小对比，提升设计感（见图 4 - 2 - 4）。

图 4 - 2 - 4　大页码排版示例

（5）分栏排版。分栏排版即把文字信息竖向等分成两份或两份以上。这种形式适用于文字比较多的版面。如果目录的内容比较多，那么可以使用分栏排版设计目录（见图 4 - 2 - 5）。由于每一栏的内容都严格对齐，且页码比较大，因此栏与栏之间即使错位排列也不会影响阅读。

（6）轴排版。轴排版即把目录信息沿着某条轴排列。这种形式在目录设计中也比较少见，适用于内容比较少的目录（见图 4-2-6）。轴的形式一般分为纵轴和横轴，排列的形式通常为错位排版。

图 4-2-5　文字分栏排版示例

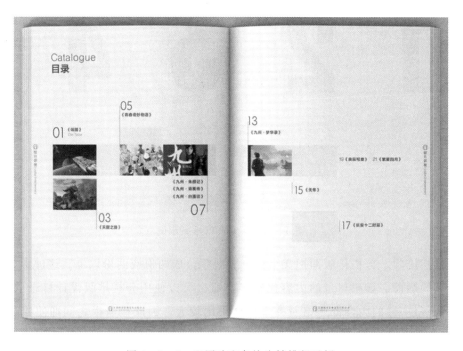

图 4-2-6　以图片和色块为轴排版示例

（7）留白。如果目录的文字比较少，版面就容易显得很空、很单调。常见的做法是增加图片或者把文字拉大，其实主动保留大量空白也是一种解决办法，如把内容集中排列在版面的顶部、底部、左下角、右下角等位置，留出其他位置的空白。这样处理的版面虽然有一种不平衡感，但动感和设计感更强，大面积的留白还可以适当缓解眼睛的疲劳。

☆任务实施：《鲁迅作品选》目录设计

📚任务实施：《鲁迅作品选》目录设计

01 新建文档，设置大小。设置宽度为"210毫米"、高度为"297毫米"、方向为纵向；点击"边距和分栏…"，设置边距和分栏为默认值，如图4-2-7所示。

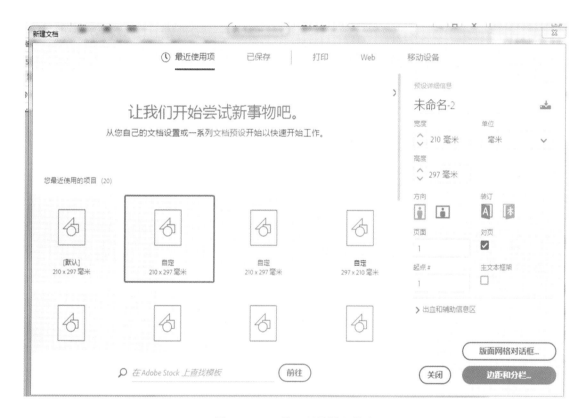

图4-2-7 设置预设详细信息

02 置入目录文字并修改。使用左侧工具栏中的文字工具在当前页面沿出血线绘制一个文本框，将目录文字复制粘贴至文本框中，如图4-2-8所示；选中《鲁迅作品选》，设置字体为"宋体"、大小为"36点"、对齐方式为居中对齐；选中其他文字，设置字体为"宋体"、大小为"18点"、行距为"14"，如图4-2-9所示。

图 4-2-8　置入目录文字

图 4-2-9　修改文字

03　批量删除"鲁迅"二字。选中文本内容，点击鼠标右键，选择"查找/更改
（/）"，如图 4-2-10 所示。在查找内容中输入"鲁迅"，更改为空，然后点击"全部更改
（A）"，最后点击"完成（D）"，如图 4-2-11 所示。

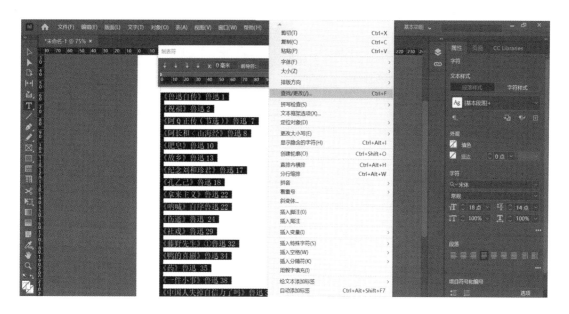

图 4 - 2 - 10　选择"查找/更改（/）"

图 4 - 2 - 11　替换内容

04　点击上方菜单栏中"文字（T）"→"制表符（A）"，如图 4 - 2 - 12 所示。点击制表符中的"将面板放在文本框架上方"，使制表符和文本框对齐，如图 4 - 2 - 13 所示。

05　在需要插入制表符的前面按"Tab"键，即在需要对齐的页码前按"Tab"键，如图 4 - 2 - 14 所示。

图 4-2-12　选择制表符

图 4-2-13　制表符和文本框对齐

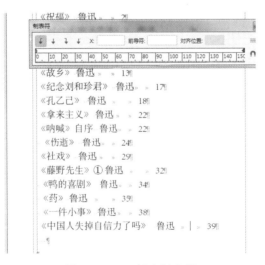

图 4-2-14　插入制表符

06 调整制表符对齐方式，设置目录对齐。制表符面板中依次是左对齐制表符、居中对齐制表符、右对齐制表符、对齐小数点（或其他指定字符）制表符，根据需要选择。

在操作时，先要全部选择需要修改的文字，然后拖动制表符中的小箭头到想要的位置（或者在"X:"后输入数值）。第一次拖动小箭头到达的位置就是第一个要对齐的位置，第二次拖动小箭头到达的位置就是第二个要对齐的位置。软件可以自动识别，也可以根据需要选择向左对齐或者向右对齐。

如果页码前需要连接线，那么可以在前导符后输入"."，如图 4-2-15 所示。

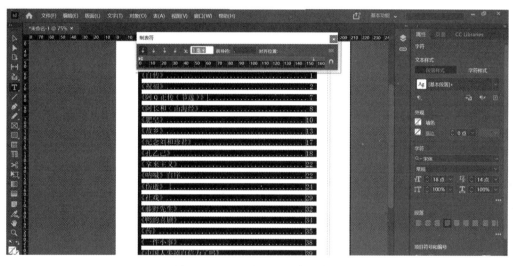

图 4-2-15 设置页码前连接线

07 预览并导出。点击页面空白处，按"W"键进行预览，检查无误导出即可。最终效果如图 4-2-16 所示。

《鲁迅作品选》

图 4-2-16 最终效果图

 思考题

（1）书籍目录设计中制表符的作用是什么？

（2）通过对《鲁迅作品选》目录的学习，你了解了哪些书籍目录设计的技巧？

任务三：书籍内页设计

任务描述

内页是书籍的灵魂，是书籍的基础。它将文字、字号、图表、页码、书眉等视觉元素按照形式美的原理进行排版，为读者在视觉上营造一个合理的阅读空间。本任务主要是学习书籍内页设计的基本知识和技巧，通过学习《鲁迅作品选》内页设计，掌握书籍内页的排版和设计方法，提升运用 InDesign 软件进行书籍内页排版的能力。

任务要求

（1）了解书籍内页的构成。

（2）掌握 InDesign 软件全自动排文的操作方法。

（3）学习和发扬鲁迅先生的爱国主义精神和勇于创新的精神。

知识链接

☆知识链接：
书籍内页设计

一、书籍内页的主要结构

1. 环衬

环衬是连接封面和扉页之间的那一页，环衬分为前环衬和后环衬，它的作用除了具有保护书籍以外，还能起到一种过渡的作用（见图 4-3-1）。环衬一般情况下都是空白的，因此它还具有题字的作用。

2. 扉页

扉页包括的内容很多。在广义上，除了封面、环衬和正文之外，所有的内容都属于扉页（见图 4-3-2）。而在狭义上，环衬之后有一个书名页，这个书名页也被我们称为正扉页。扉页包括正扉页、版权页、目录页等内容。

（1）正扉页一般为封面的重现，其内容包括书名、作者名、出版社名、丛书名等，但正扉页又不同于封面，它的风格相对简单。

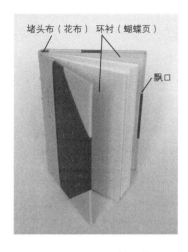

图 4-3-1　环衬示例　　　　　　　　　　　图 4-3-2　扉页示例

（2）版权页可以在书籍的前面出现，也可以在书籍的后面出现。在版权页上印有书名、作者名、出版社名、印刷单位、发行部门、开本大小、印张、字数、印张、出版时间和书号等内容。

（3）目录页用于编排书籍的目录（见图 4-3-3）。

图 4-3-3　目录页示例

二、书籍正文文字排版的相关规则

1. 设定内容区域

在书籍编排过程中，设定页面四周的余白来安排页面的排版。页边空白的大小不同，排版效果给读者带来的印象也不同，因此需要适当地进行处理。图4-3-4有颜色的部分是版面，abcd版面标准的设定通常是按照1∶1.2∶1∶1.7的比例来进行设计。

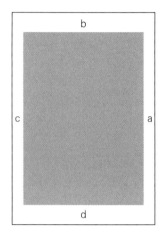

图4-3-4　设定内容区域

2. 字体大小设置

在文字的字体大小设置中，标题的字号要大，解说注释的字号要小，文字的大小要根据它的作用灵活设定。在版面设计中，首先要确定正文字体大小，只有确定了正文字体大小，才能根据它来调节平衡，决定大标题、小标题和注释文字大小。

3. 行对齐

排版中重要的一条就是把应该对齐的部分对齐，如每一个段落的字行对齐。行头对齐是所有行均在行头对齐的方法，如图4-3-5所示，虽说这种用法使得行尾不齐整，但方便文章在停顿部分换行，适用于散文、诗歌等表现韵味的文字版式。

编排长篇文章时，选择左右对齐更能体现条理性。由于换行的位置都相同，阅读行头或换行的时候视线能够平缓流畅地移动，如图4-3-6所示。

你有你的，我有我的，方向，
你记得也好，
最好你忘掉，
在这交会时互放的光亮！

一切皆有价的写作基于一个颠
覆性的观点还是喝咖啡投资上
网下载音乐都是权衡利弊和付
出代价的过程，即世间一切事

图4-3-5　行头对齐示例　　　　　图4-3-6　左右对齐示例

4. 留白

使文章易读的排版方法多种多样，留白就是其中一种。留白就是在版面中留出空余的空间。编排文章时，最小的留白是文字间的空白。根据文字的形状，文字间有很多小的空白。留白的大小依据字体或者文章内容上字符的多少来确定。其他比文字间的空白大的留白，是行与行之间的空白、段与段之间的空白。留白的面积大小要遵循上述顺序。在文章中如果这个顺序颠倒或者混乱，就会变得不易阅读。留白示例如图4-3-7所示。

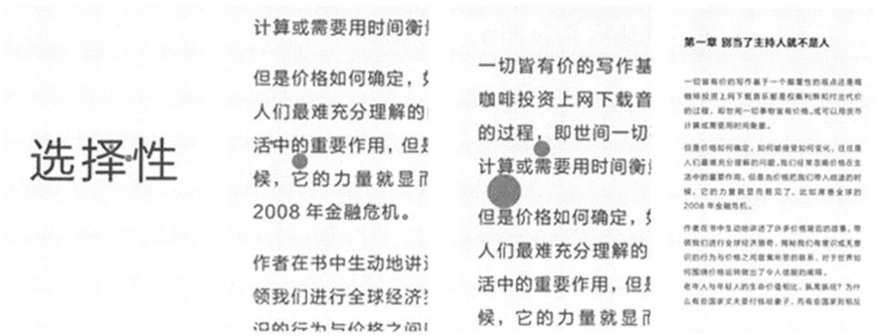

图4-3-7　留白示例

5.行距的设定

行高、行距的大小对文章的阅读有很大的影响（见图4-3-8）。行与行之间拉得过开，从一行末尾移动到下一行开头视线的移动距离就会过长。这样会增加阅读难度。相反，行与行之间贴得过紧，会影响视线的移动，让人不知道正在阅读哪一行，如图4-3-9所示。正文最恰当的行高应该设定为其文章中文字大小的两倍，如正文字体大小为8点，应该把行高设定为16点，如图4-3-10所示。

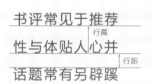

图4-3-8　行高与行距 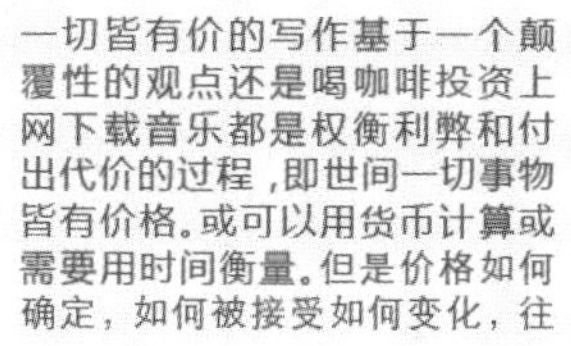　　　图4-3-9　行距的设定（1） 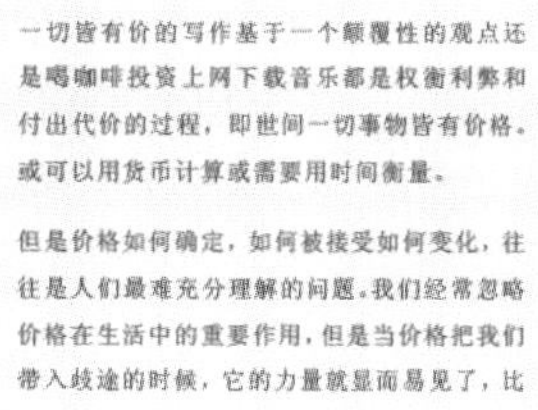　　　图4-3-10　行距的设定（2）

根据文章使用的字体不同，行高使用的值也会发生改变。例如，宋体文章的行高要比黑体的行高大一些，这样的设定更易于阅读。

另外，正文以外的大标题、小标题和引导语类的短文章，一般要把行高设定得稍微窄一些。大标题或题目的部分，因为字号较大，文字间隔太大、太松散会影响阅读。若把引导语的行高设定过宽，则这段文字难以被认为是一个整体。因此需要配合文字版式，挤紧字与字的间隙，这样会让版面看起来紧凑。

6.保持足够的段间距

段落与段落之间必须有一定的距离（见图4-3-11）。如果段间距不够，那么读者从字行末尾折回，移向下一行视线就会与移向下一段的视线发生冲撞，从而导致阅读无法顺利地进行。段落之间的距离过远，也会导致段落之间的关系联系不强。因此设定合适的段间距是很重要的。

为保证文章的易读性，将段间距设为两个文字的大小是一种常用的做法。也就是说，当正文的文段以 12 点文字排版时，段间距宜用 24 点。

7. 特殊符号的处理

中文汉字中，众多"符号"不规则地混在一起，会显得非常复杂。因此，为了使这些繁杂的要素显得整洁美观，需要在排版之前预先制定"段落样式"的设计排版规则。

例如，中文和英文混排的文章，为使中文和英文和谐自然地结合，需要把英文的字号设定得比中文字号大一些。左右对齐的文章，必须决定是否把标点"悬吊"在对齐线之内。标点、记号若放在行头或者行尾，文章就会变得不易阅读。为了防止这些发生，必须进行避头尾的设置，如图 4-3-12 所示。制定好上述详细的规则，就会将文章编排得美观、协调。

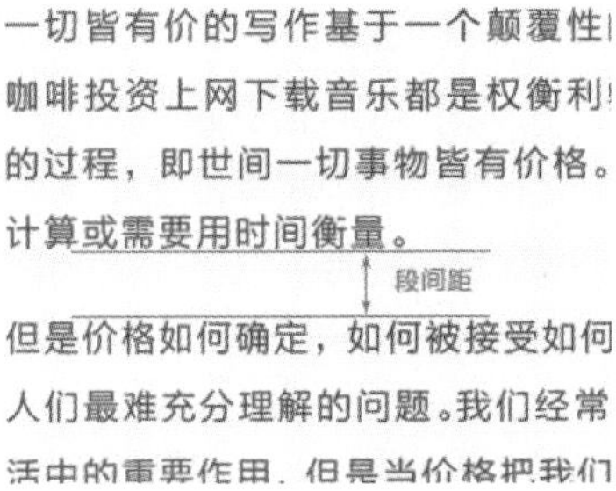

图 4-3-11　保持足够的段间距 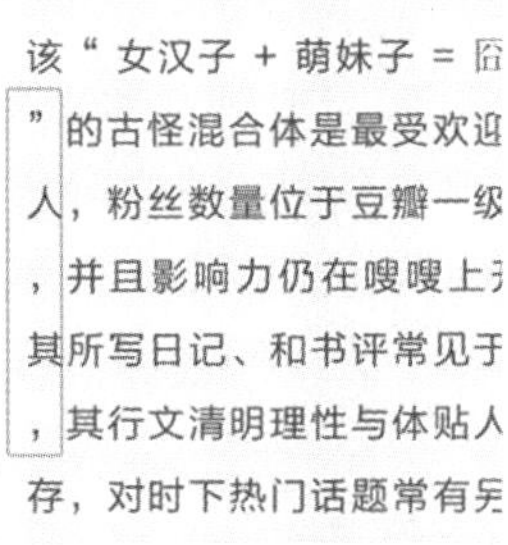　　　　图 4-3-12　特殊符号的处理

任务实施：《鲁迅作品选》内页设计

☆任务实施：
《鲁迅作品选》
内页设计（1）

☆任务实施：
《鲁迅作品选》
内页设计（2）

01　新建文档，设置大小。设置宽度为"210 毫米"、高度为"297 毫米"、方向为纵向、页面为"1"，并设置为对页，如图 4-3-13 所示；点击"边距和分栏…"，设置边距和分栏为默认值，如图 4-3-14 所示。

图 4 - 3 - 13　设置预设详细信息

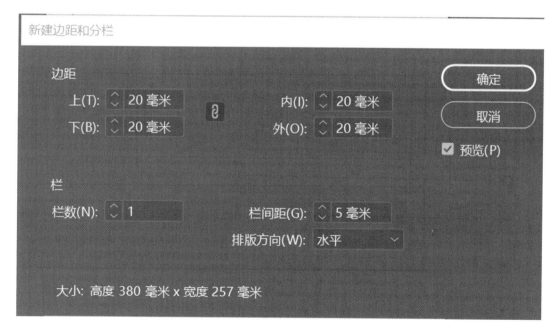

图 4 - 3 - 14　设置边距和分栏

02 设置跨页页面。在页面上点击鼠标右键，在列表中依次取消对"允许文档页面随机排布（D）"和"允许选定的跨页随机排布（F）"的选择，如图 4 - 3 - 15 所示。

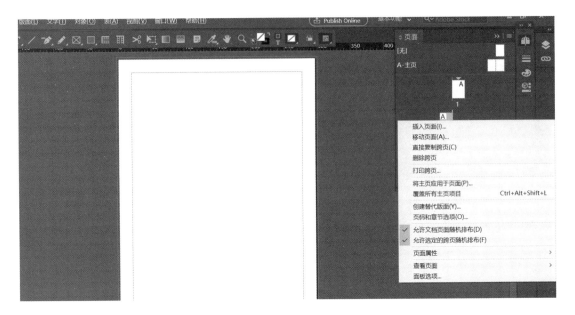

图 4 - 3 - 15　设置跨页页面（1）

　　点击并拖动页面 A2 至页面 A1 右侧，如图 4 - 3 - 16 所示。

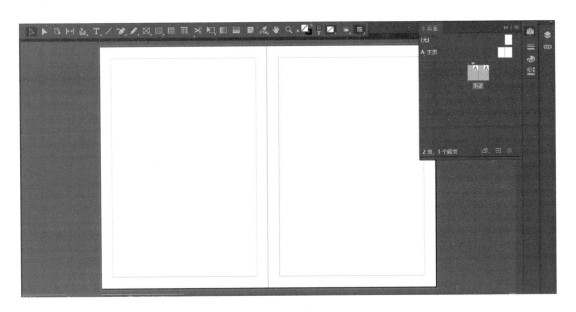

图 4 - 3 - 16　设置跨页页面（2）

　　03　置入内页文字，利用全自动排文方式，使用快捷键"Ctrl＋D"将文件"鲁迅 作品选"置入 InDesign 软件内（见图 4 - 3 - 17），置入时，先按"Shift"键，再点击页面，从而使文字进行全自动排文，如图 4 - 3 - 18 所示。

　　04　设置文本框架。点击鼠标右键，在列表中选择"框架类型（B）"→"文本框架"，如图 4-3-19 和图 4-3-20 所示。

图 4-3-17　选择文件

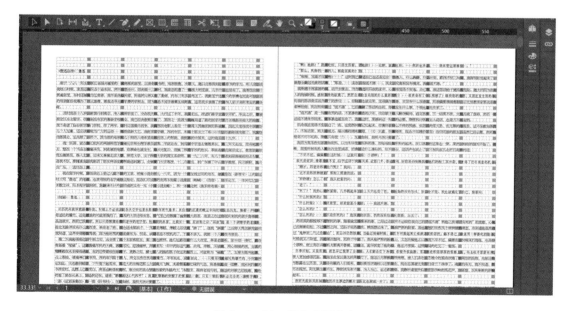

图 4-3-18　置入内页文字

05　设置段落样式，调整正文字体、大小和行距。使用快捷键"Ctrl＋A"将正文文字进行全选，点击上方菜单栏中"文字（T）"→"段落样式"，弹出如图 4-3-21 所示"段落样式"面板。

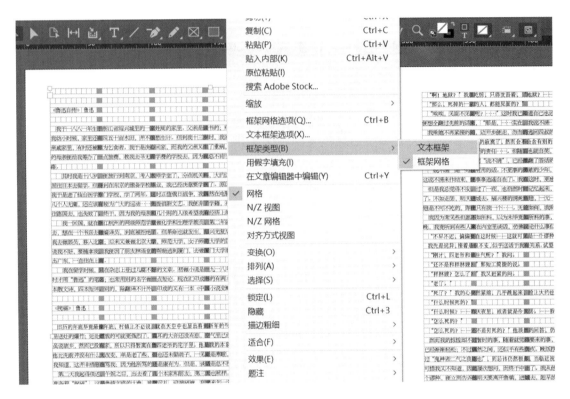

图 4-3-19　选择"文本框架"路径

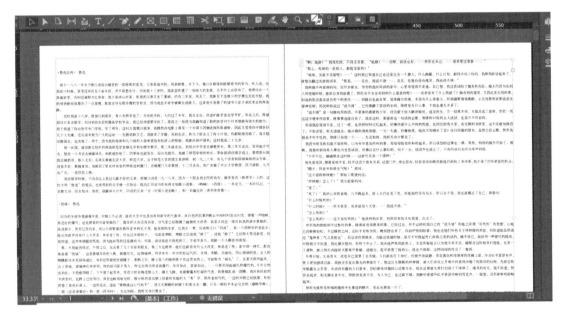

图 4-3-20　设置文本框架后效果图

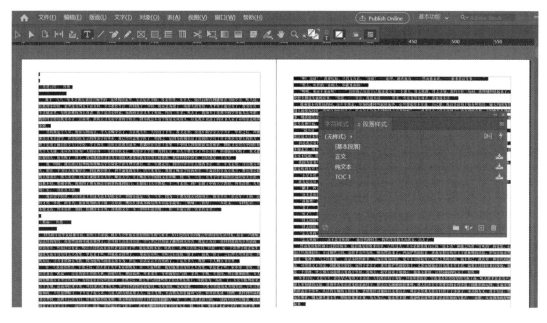

图 4-3-21　"段落样式"面板

双击段落样式中的"正文"进行设置。在基本字符格式选项中，设置正文字体为"华文中宋"、大小为"10 点"、行距为"18 点"，如图 4-3-22 和图 4-3-23 所示。

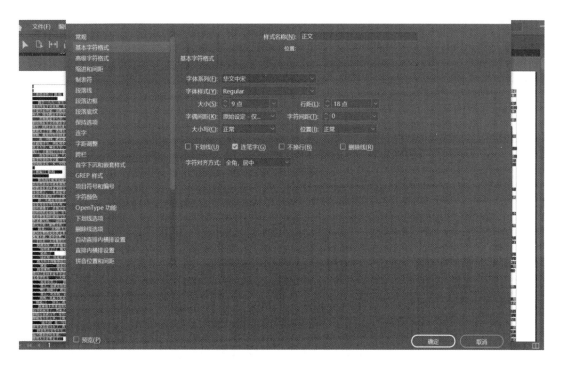

图 4-3-22　设置段落样式

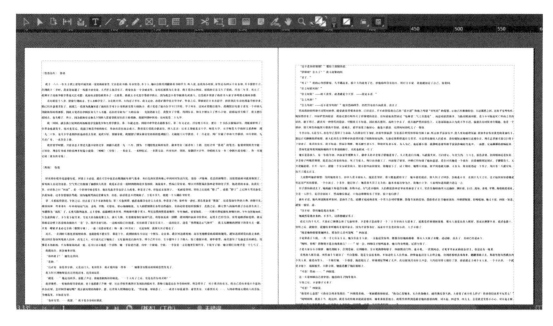

图 4-3-23　设置段落样式后效果图

06　对正文进行分栏。使用快捷键"Ctrl＋A"将正文文字进行全选，点击上方菜单栏中"对象（O）"→"文本框架选项（X）"，在"文本框架选项"面板中，设置栏数为"3"、栏间距为"5毫米"，如图 4-3-24 和图 4-3-25 所示。

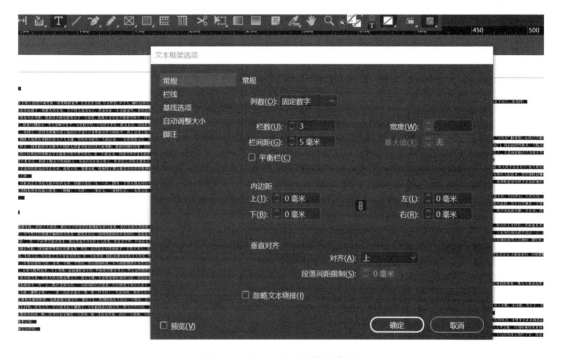

图 4-3-24　对正文进行分栏

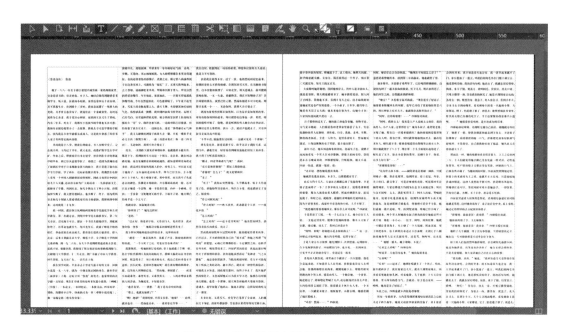

图 4 - 3 - 25　对正文进行分栏后效果图

07　置入图片，利用钢笔工具抠图，进行图文排版。

（1）使用快捷键"Ctrl＋D"将鲁迅的图片置入内页，如图 4 - 3 - 26 所示。

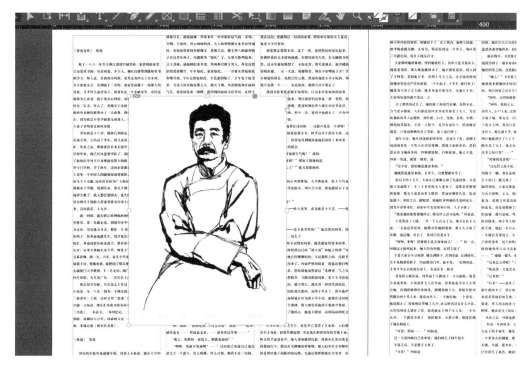

图 4 - 3 - 26　置入图片

（2）使用左侧工具栏中的钢笔工具沿人物轮廓进行抠图，如图 4-3-27 所示；点击图片，按"Delete"键将图片删除，仅保留刚刚抠出的轮廓，如图 4-3-28 所示。

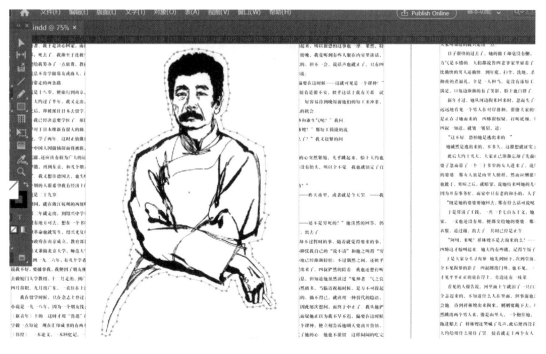

图 4-3-27　利用钢笔工具抠图（1）

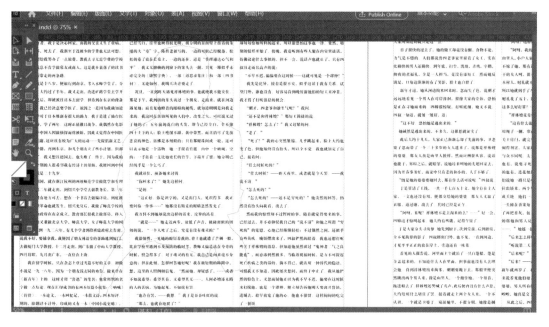

图 4-3-28　利用钢笔工具抠图（2）

（3）点击轮廓，使用快捷键"Ctrl＋D"将鲁迅的图片置入轮廓内，并调整到合适的大小和位置，如图4－3－29所示。

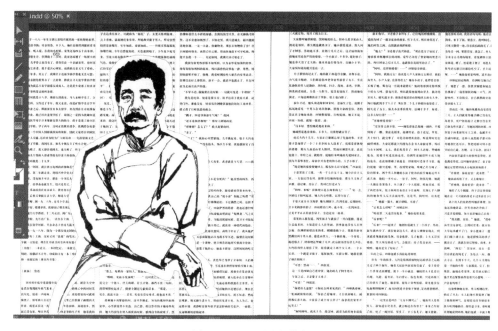

图4－3－29　图文排版

08　进行文本绕排。在右侧属性面板里找到"文本绕排"，然后选择"沿对象形状绕排"的文本绕排方式，并设置上位移、下位移、左位移、右位移均为"3毫米"，如图4－3－30所示。

图4－3－30　文本绕排

09 调整文章标题格式和位置。使用左侧工具栏中的文字工具绘制一个文本框，在文本框中输入"鲁迅自传"，在右侧属性面板里设置字符格式，设置字体为"黑体"、大小为"60点"，如图4-3-31所示。

图4-3-31 设置文章标题格式

10 置入图片，并设置图片为渐变羽化样式。使用快捷键"Ctrl＋D"将图片"祝福"置入内页；使用左侧工具栏中的自由变换工具调整合适的大小和位置；在右侧属性面板里找到"文本绕排"，选择"沿对象形状绕排"的文本绕排方式，并设置上位移、下位移、左位移、右位移均为"3毫米"，如图4-3-32所示。

图4-3-32 置入图片

使用左侧工具栏中的渐变羽化工具在图片上的合适位置从下往上拉进行渐变羽化，如图4-3-33所示。

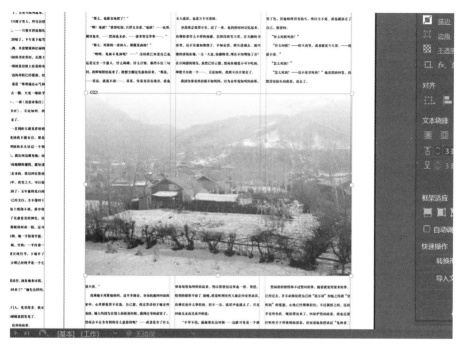

图 4-3-33　图片渐变羽化后效果图

11　调整文章标题格式和位置。使用左侧工具栏中的文字工具绘制一个文本框，在文本框中输入"祝福"，在右侧属性面板里设置字符格式，设置字体为"黑体"、大小为"60点"，如图 4-3-34 所示。

图 4-3-34　设置文章标题格式

12 预览并导出。点击页面空白处，按"W"键进行预览，检查无误导出即可。最终效果如图4-3-35所示。

图4-3-35　最终效果图

思考题

（1）书籍的内页包括哪些内容？

（2）通过对《鲁迅作品选》内页的设计，你学会了哪些内页排版设计的技巧？

任务四：书籍页面设计

任务描述

书籍的页面设计是指在一种既定的开本上，运用丰富的图形元素、合理的文字搭配、色彩的空间调和等，使书籍传达的信息内容主次分明。本任务主要是学习书籍页面设计的基本知识和技巧，以及通过学习《鲁迅自传》页面设计，掌握书籍页面的排版和设计方法。

任务要求

（1）了解书籍页面的构成。

（2）掌握InDesign软件页面设置的方法。

（3）增强学生对鲁迅先生的进一步了解。

知识链接

书籍页面设计专业术语如下。

（1）书籍页码。页码，顾名思义是书的每一个页面上标明的次序号码。它能够使书籍的页数连贯起来，用以统计书籍的面数，便于读者检索、阅读，起到引导的作用。页码的设计类型多种多样，如图 4-4-1 和图 4-4-2 所示。

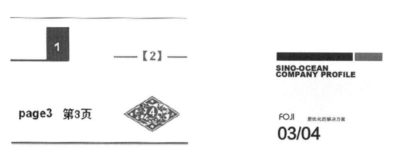

图 4-4-1 页码示例 1	图 4-4-2 页码示例 2

（2）页眉和页脚。页眉和页脚通常用来显示文档的附加信息，可以插入时间、图形、日期、页码、公司徽标、文档标题、文件名或作者姓名等。通常页眉在页面的顶部，页脚在页面的底部。页眉和页脚也用作提示信息，特别是其中插入的页码，通过这种方式能够快速定位所要查找的页面。页眉和页脚设计示例如图 4-4-3 和图 4-4-4 所示。

图 4-4-3 页眉和页脚设计示例（1）

图 4 - 4 - 4　页眉和页脚设计示例（2）

任务实施：《鲁迅自传》页面设计

☆任务实施：
《鲁迅自传》页
面设计

01　新建文档，设置大小。设置宽度为"210 毫米"、高度为"297 毫米"、方向为纵向；点击"边距和分栏 ..."，设置边距均为"20 毫米"、分栏为默认值，如图 4 - 4 - 5 所示。

图 4 - 4 - 5　设置预设详细信息

02　在页面中设置相同背景图片。

（1）点击右侧页面选项，选择"A - 主页"，如图 4 - 4 - 6 所示。

（2）使用快捷键"Ctrl＋D"，选择背景素材，将其置入页面中，如图 4 - 4 - 7 所示。调整页面位置，如图 4 - 4 - 8 所示。

（3）使用左侧工具栏中的渐变羽化工具在图片上由下向上拉，调整页面为渐隐效果，如图 4 - 4 - 9 和图 4 - 4 - 10 所示。

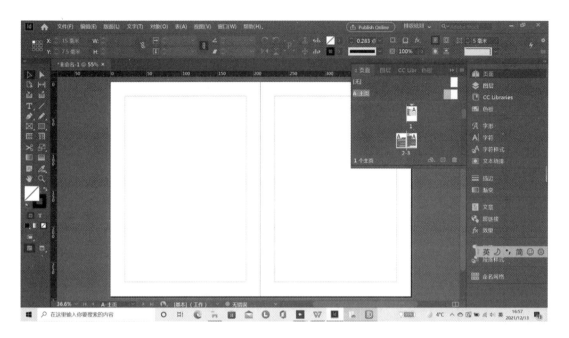

图 4 - 4 - 6　选择"A-主页"

图 4 - 4 - 7　置入背景素材

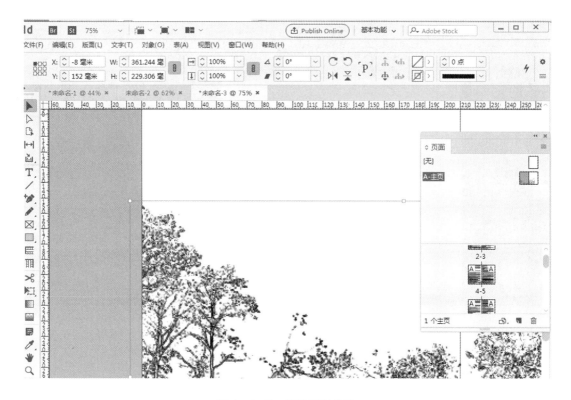

图 4-4-8　调整页面位置

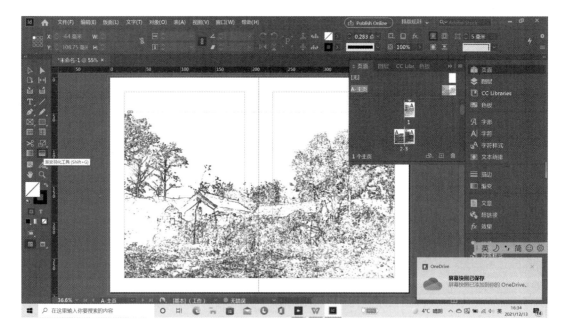

图 4-4-9　选中渐变羽化工具

图 4-4-10　调整页面为渐隐效果后效果图

调整不透明度为"46％"，页面调整不透明度后效果如图 4-4-11 所示。

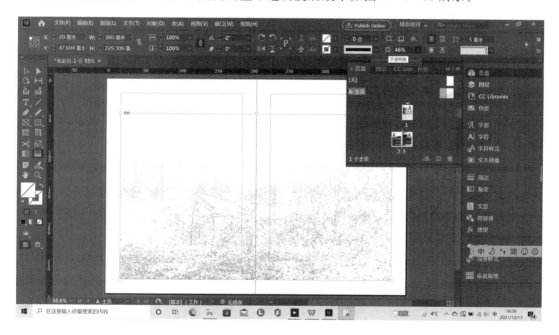

图 4-4-11　调整不透明度后效果图

03　页面面板主页设置。

（1）点击右侧页面选项，点击"新建页面"，新建一个"B-主页"，如图 4-4-12 所示。重复以上步骤，设置"B-主页"背景，如图 4-4-13 所示。

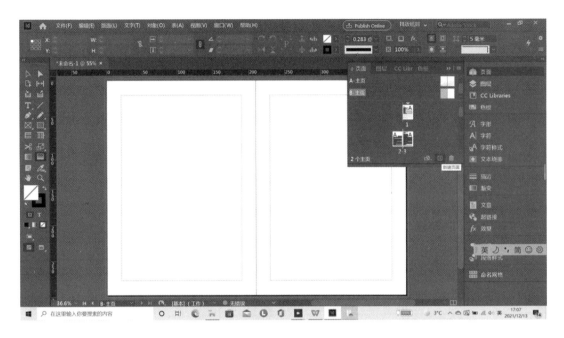

图 4-4-12 新建"B-主页"

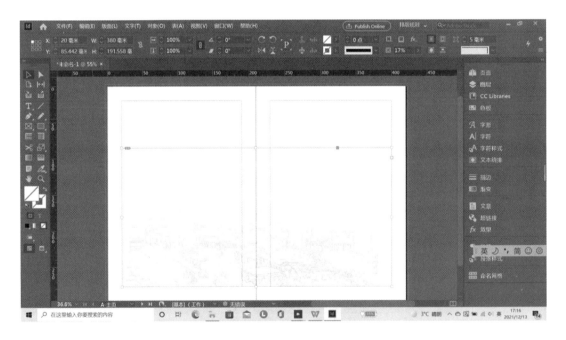

图 4-4-13 设置"B-主页"背景

（2）在右侧页面选项中选中"B-主页"，点击鼠标右键，在列表中选择"将主页应用于页面（P）..."，如图 4-4-14 所示。

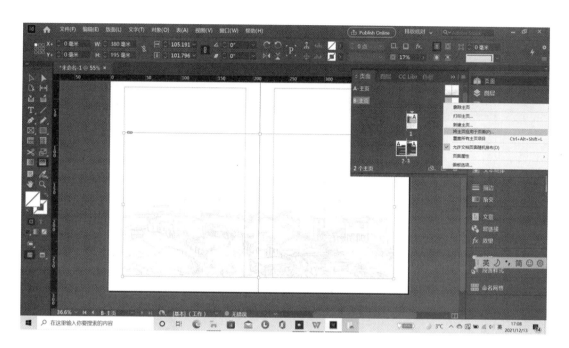

图 4 - 4 - 14 应用"B-主页"

（3）在弹出的对话框中将 B-主页应用于页面"14-64"，点击"确定"，如图 4 - 4 - 15 所示。

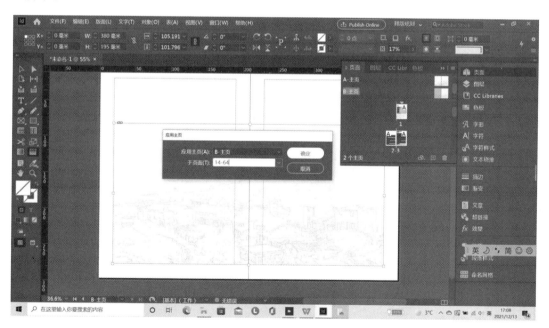

图 4 - 4 - 15 将"B-主页"应用于页面"14-64"

04 页面面板设置页码。

（1）在右侧页面选项中选中"A-主页"，使用左侧工具栏中的文字工具在页码位置绘制文本框，调整其位置至左页面中间，如图 4 - 4 - 16 所示。

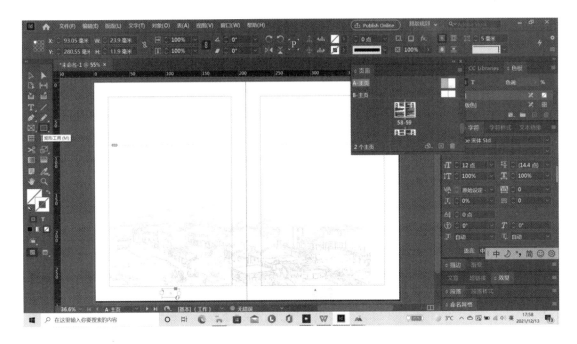

图 4 - 4 - 16　绘制页码文本框

（2）选中文本框，点击上方菜单栏中"文字（T）"→"插入特殊字符（S）"→"标志符（M）"→"当前页码（C）"，如图 4 - 4 - 17 所示。插入页码后效果如图 4 - 4 - 18 所示。

图 4 - 4 - 17　选择"当前页码（C）"路径

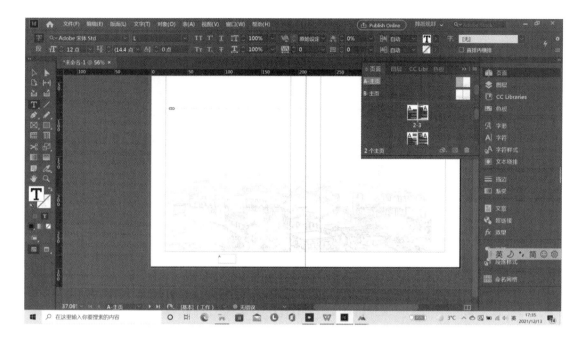

图 4 - 4 - 18　插入页码后效果图

（3）选中页码文本框，按"Alt"键复制该文本框，并将复制的文本框拖拽到右页，如图4 - 4 - 19和图 4 - 4 - 20 所示。

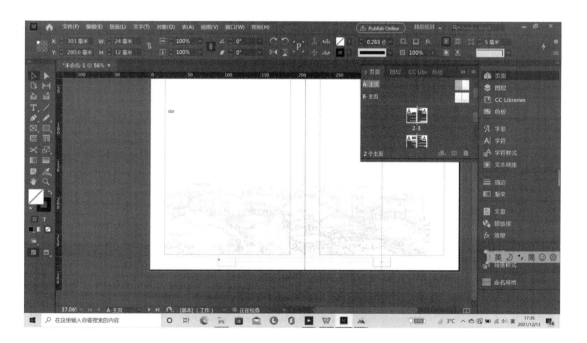

图 4 - 4 - 19　复制文本框并拖拽到右页

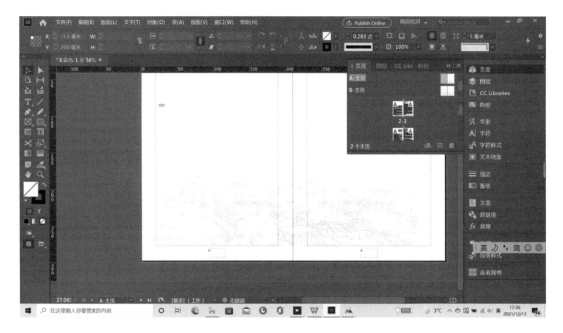

图 4 - 4 - 20　复制文本框并拖拽到右页后效果图

05　为页面 1～7 设置页眉和页脚。

（1）在右侧页面选项中选中"A-主页"，使用左侧工具栏中的矩形工具在左页眉处绘制一个矩形，如图 4 - 4 - 21 所示。

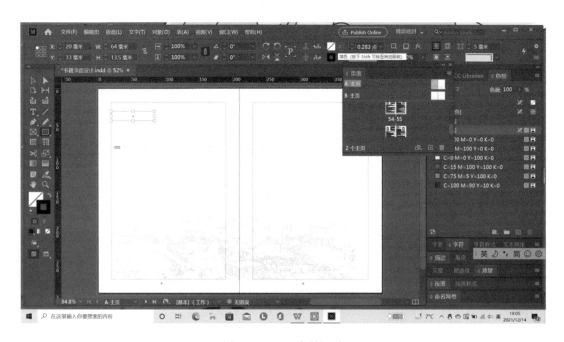

图 4 - 4 - 21　绘制矩形

（2）使用填色工具将矩形填充为黑色，如图 4-4-22 所示。

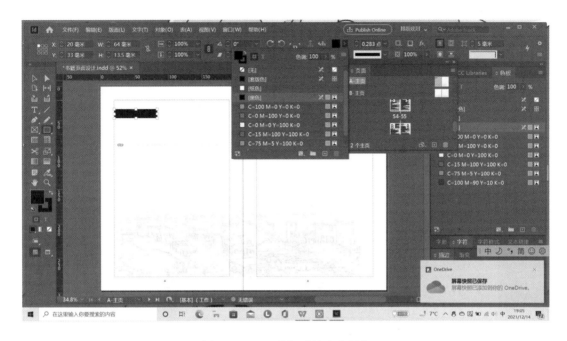

图 4-4-22 将矩形填充为黑色

（3）使用左侧工具栏中的文字工具在矩形上绘制文本框，在文本框中输入"鲁迅自传"，设置颜色为纸色，选中文本框，移动到矩形最右端，如图 4-4-23 所示。

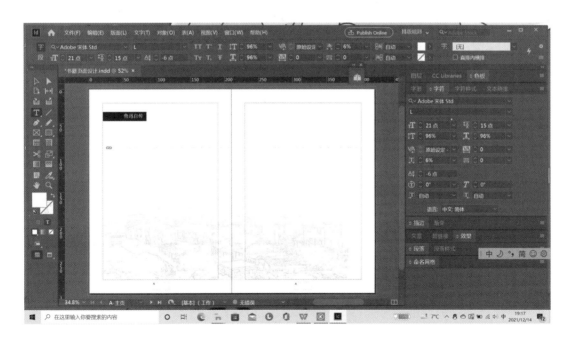

图 4-4-23 输入"鲁迅自传"

（4）使用左侧工具栏中的矩形工具，在黑矩形上绘制小矩形，使用填色工具将小矩形填充为纸色，如图 4 - 4 - 24 和图 4 - 4 - 25 所示。

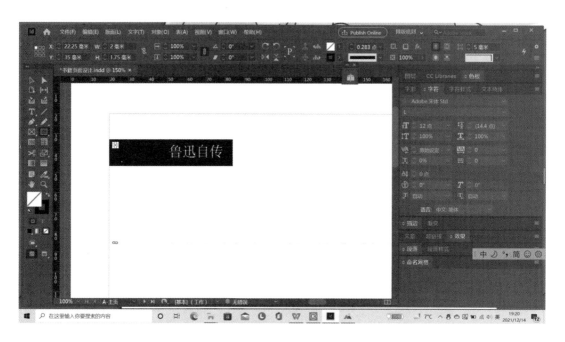

图 4 - 4 - 24　绘制小矩形

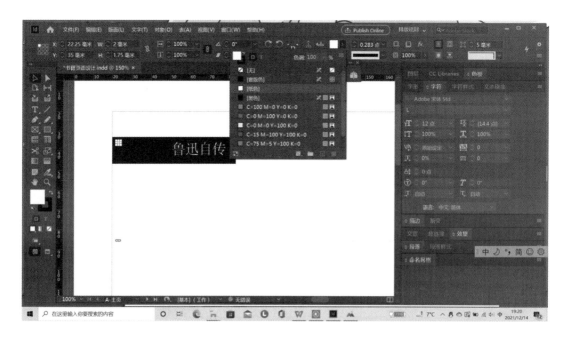

图 4 - 4 - 25　填充小矩形

（5）按"Alt"键，进行复制，并按如图 4-4-26 所示排列方式进行粘贴。

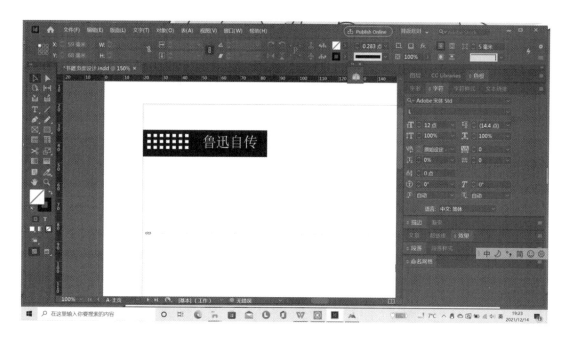

图 4-4-26　复制粘贴

（6）右页面参照左页面执行操作，其效果如图 4-4-27 所示。

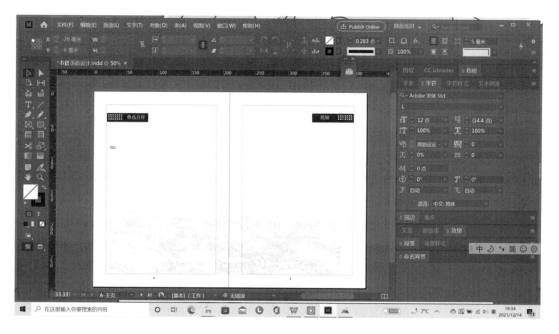

图 4-4-27　右页面参照左页面执行操作后效果图

06 最终效果如图 4 - 4 - 28 所示。

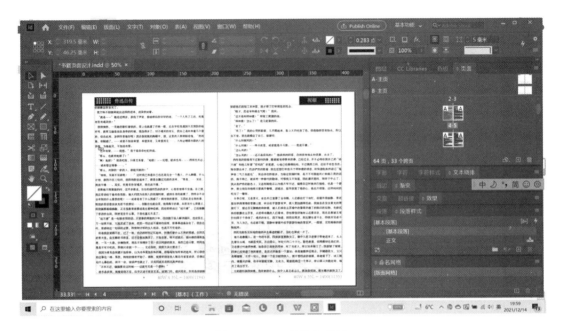

图 4 - 4 - 28　最终效果图

思考题

（1）书籍页面设计的流行趋势是什么？

（2）本任务中书籍页面设计的特点是什么？

项目五

《新青年》杂志设计

━ 项目导读 ━

　　《新青年》杂志是 20 世纪 20 年代我国一份具有影响力的革命杂志，由陈独秀在上海创立。该杂志发起于新文化运动，以宣传倡导民主与科学为主。本项目通过对新时代《新青年》杂志的设计与制作，唤起学生对革命家的敬仰之情。

━ 教学目标 ━

　　(1) 掌握杂志的设计方法。

　　(2) 了解 Indesign 软件目录面板的使用和目录设置的方法。

　　(3) 提高新时代青年的担当意识。

任务一：杂志封面设计

任务描述

本任务主要是学习杂志封面设计的基本知识和技巧，以及通过学习《新青年》杂志封面设计，了解杂志封面的构成，掌握杂志封面的设计方法，提升学生的审美能力，培养学生的担当意识。

任务要求

（1）了解杂志封面的构成。

（2）掌握 Indesign 软件图形绘制和填充的方法；

（3）增强学生对优秀同龄人的学习。

知识链接

☆知识链接：
杂志封面设计

杂志封面主要由以下几部分构成。

（1）杂志的名称。杂志的名称又叫作刊名。从表层意义上讲，可将刊名看成一个符号，一个区别于其他期刊的标识。刊名具有特指和识别功能，不仅可以体现期刊特定的内容、读者、风格等信息，而且可以表达特定的作者群体和特定的编辑群体。刊名可以说是作者、读者、市场三者之间沟通的重要桥梁。

（2）杂志的封面图片。杂志的封面图片是杂志封面最主打的视觉元素和阅读动力，所以封面图片的设计必须与众不同，技术上可以通过创意的颜色、标题来实现，一定要打破常规思路。杂志的封面图片应有自己的视觉形象，必须传达自身的定位和艺术追求，同时具有创新和独创意义。

（3）杂志的期数。杂志卷号是杂志以时间分类的一种，是杂志从创刊年度开始按年度顺序逐年累加的编年号，刊以内容分种类，以时间分卷和期。

（4）杂志上的文章标题。杂志上的文章标题表示此文章是该杂志该期的重点篇目，也是编辑向读者推荐阅读的文章。

（5）杂志的条形码。条形码也叫作条码，是由一组规则排列、宽度不同、黑白相间、平行相邻的线条组成，并配有相对应字符组成的码记，用来表示一定的信息。

条形码的一组规则排列的条、空的含义：条是条形码中反射率较低的部分，即黑色或彩色条纹部分；空是条形码中反射率较高的部分，即白色或无色条纹部分。条形码是一种自动识别技术，是利用光电扫描阅读设备给计算机输入数据的特殊代码。这个代码包括产品名称、规格和价格等。

杂志封面必须具有辨别度，如杂志 Logo、图片、视觉识别（VI，此概念源于企业形象设计理论 CIS）、版面和视觉风格等多种元素。

总而言之，一个设计者在既定的开本、材料和印刷工艺条件下，通过想象调动自己的设计才能使其艺术上的美学追求与杂志"文化形态"的内蕴相呼应，以丰富的表现手法、表现内容使视觉思维的直观认识与视觉思维的推理认识获得高度的统一，以满足读者知识、想象、审美等多方面的要求。

任务实施：《新青年》杂志封面设计

☆任务实施：
《新青年》杂志
封面设计

01 新建文档，设置大小。设置宽度为"210 毫米"、高度为"297 毫米"、方向为纵向，如图 5 - 1 - 1 所示；点击"边距和分栏…"，设置边距和分栏为默认值，如图 5 - 1 - 2 所示。

02 设置背景。

（1）使用左侧工具栏中的矩形工具在页面沿出血线画一个矩形，然后在色板工具栏里去掉描边，并在左侧工具栏中选择填色选项，设置矩形颜色为 C＝80、M＝70、Y＝60、K＝30，如图 5 - 1 - 3 所示。

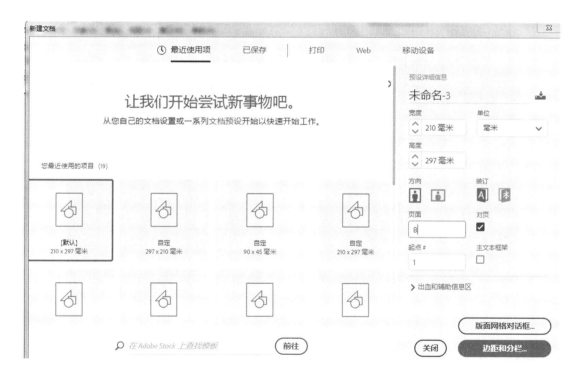

图 5 - 1 - 1 设置预设详细信息

新建边距和分栏

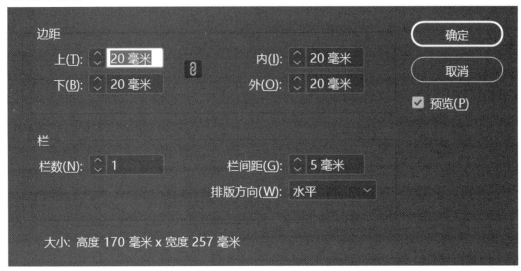

图 5-1-2 设置边距和分栏

（2）使用左侧工具栏中的矩形工具在当前页面沿内边距画一个矩形，然后在色板工具栏里去掉描边，并在左侧工具栏中选择填色选项，设置矩形颜色为 C＝15、M＝100、Y＝100、K＝0，如图 5-1-4 所示。

图 5-1-3 沿出血线画一个矩形

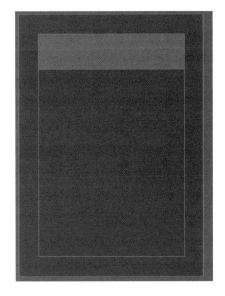

图 5-1-4 设置矩形颜色

03 设置杂志标题并调整。

（1）使用左侧工具栏中的文字工具在矩形上绘制文本框，在文本框中输入"新青年"，设置字体为"方正小标宋简体"、大小为"80点"、颜色为纸色（C＝0，M＝0，Y＝0，K＝0），选中文本框，移动到合适的位置，如图5－1－5所示。

（2）使用左侧工具栏中的文字工具在"新青年"下方绘制文本框，在文本框中输入"LA JEUNESSE"，设置字体为"Arial"、大小为"24点"、颜色为纸色（C＝0，M＝0，Y＝0，K＝0），选中文本框，移动到合适的位置，如图5－1－6所示。

图5－1－5 设置文字"新青年"　　　　图5－1－6 设置英文"LA JEUNESSE"

（3）使用左侧工具栏中的文字工具在"新青年"右侧绘制文本框；在文本框中分行输入"01""2021"；设置字体为"华文中宋"，行距为"60点"，颜色为C＝15、M＝100、Y＝100、K＝0；设置"01"大小为"72点"、"2021"大小为"36点"；选中文本框，移动到合适的位置，如图5－1－7所示。

（4）使用左侧工具栏中的钢笔工具在"2021"下方绘制一条直线，设置描边为"3点"、描边颜色为纸色（C＝0，M＝0，Y＝0，K＝0），如图5－1－8所示。

04　置入图片并调整。

（1）使用左侧工具栏中的矩形工具绘制一个矩形，使用快捷键"Ctrl＋D"置入图片，如

图5－1－7 设置文字"01"和"2021"

图 5－1－9 所示。

图 5－1－8　在"2021"下方绘制一条直线

图 5－1－9　置入图片

（2）选中图片，点击鼠标右键，在列表中选择"适合（F）"→"按比例填充框架（L）"，如图 5－1－10 所示。

图 5－1－10　选择"按比例填充框架（L）"路径

（3）使用左侧工具栏中的自由变换工具，按"Shift"键将图片等比例的调整到合适的大小，然后将图片移动到合适的位置，如图5-1-11所示。

05 设置杂志的文章标题并调整。

（1）使用左侧工具栏中的文字工具绘制文本框；在文本框中输入"内卷怎么了?"；设置字体为"方正小标宋简体"，大小为"60点"，颜色为 C＝0、M＝20、Y＝30、K＝0；选中文本框，移动到合适的位置。设置杂志的文章标题后效果如图 5-1-12 所示。

图 5-1-11　调整图片大小和位置　　　图 5-1-12　设置杂志的文章标题后效果图

（2）使用左侧工具栏中的椭圆工具在页面绘制椭圆；设置描边为"1点"，描边颜色为 C＝0、M＝20、Y＝30、K＝0；旋转椭圆并移动到合适的位置，如图 5-1-13 所示。

（3）使用左侧工具栏中的文字工具在椭圆上绘制文本框；在文本框中输入"视点"；设置字体为"隶书"，大小为"36点"，颜色为 C＝0、M＝100、Y＝100、K＝0；选中文本框，移动到合适的位置。在椭圆上设置文字后效果如图5-1-14所示。

（4）使用左侧工具栏中的文字工具绘制文本框，在文本框中分行输入"青年人物""北大韦神""一手馒头矿泉水""一手接受采

图 5-1-13　绘制椭圆

访"，设置字体为"华文行楷"、大小为"24点"，设置"青年人物""一手馒头矿泉水""一手接受采访"字体颜色为C＝0、M＝0、Y＝0、K＝0，设置"北大韦神"字体颜色为C＝10、M＝10、Y＝90、K＝0，选中文本框，移动到合适的位置，如图5-1-15所示。

图5-1-14　在椭圆上设置文字后效果图

图5-1-15　设置文字"青年人物"等

（5）使用左侧工具栏中的文字工具绘制文本框；在文本框中分行输入"专题""理想照耀中国""1921—2021""普通人的史诗"，设置字体为"方正小标宋简体"；设置"专题""理想照耀中国""普通人的史诗"大小为"24点"，颜色为C＝0、M＝0、Y＝0、K＝0；设置"1921—2021"大小为"12点"，颜色为C＝10、M＝0、Y＝80、K＝0；选中文本框，移动到合适的位置。设置专题内容后效果如图5-1-16所示。

06　置入条形码并调整。

（1）使用左侧工具栏中的矩形工具绘制一个矩形，使用快捷键"Ctrl＋D"置入条形码，如图5-1-17所示。

（2）选中条形码，点击鼠标右键，在列表

图5-1-16　设置专题内容后效果图

中选择"变换（O）"→"逆时针旋转 90°（9）"，如图 5-1-18 所示。

图 5-1-17　置入条形码

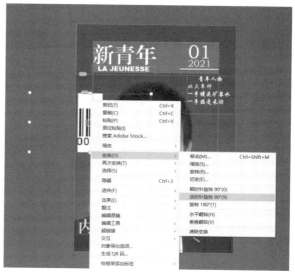

图 5-1-18　选择"逆时针旋转 90°（9）"路径

（3）选中条形码，点击鼠标右键，在列表中选择"适合（F）"→"按比例填充框架（L）"，并移动到合适的位置。置入条形码并调整后效果如图 5-1-19 所示。

07　预览并导出。点击页面空白处，按"W"键进行预览，检查无误导出即可。最终效果如图 5-1-20 所示。

图 5-1-19　置入条形码并调整后效果图

图 5-1-20　最终效果图

 思 考 题

(1) 杂志封面设计中最重要的要素是什么？

(2) 谈一谈你对"北大韦神"的看法。

任务二：杂志目录设计

任务描述

本任务主要是学习杂志目录设计的基本知识和技巧，以及通过学习《新青年》杂志目录设计，理解杂志目录的设计和排版方法，掌握运用 InDesign 软件进行杂志目录排版的方法。

任务要求

(1) 掌握杂志目录的设计方法。

(2) 掌握 InDesign 软件目录排版的方法。

(3) 提升学生的审美能力，培养学生良好的职业素养。

知识链接

☆知识链接：
杂志目录设计

一、杂志目录的布局

杂志目录的布局就是将目录页的图片、文字进行合理的编排，在结构、字体及色彩上做整体设计。需要注意，整个目录的设计风格应与杂志内页风格相符，以获得更好的视觉效果。

二、杂志目录的设计要点

杂志目录的设计主要体现在目录文字设计、图片设计、简洁构架和版面编排设计四个方面。

1. 杂志目录的文字设计

杂志目录的文字设计重点在页码和文字处理。在页码上，页码与图片有很多结合方式，页码可以放在图片元素的旁边，或上方，或后面，或与图片融合，不同的处理方式给人的视觉效果也是不同的，可以根据杂志的风格自由发挥。在文字处理上，我们可以通过放大页码或挤压文字来增加视觉感，标题的文字可以适当缩小，用不同的字体和颜色表现

信息等级和层次。

2. 杂志目录的图片设计

杂志目录中要突出图片最重要的特性。这不仅可以通过简单的缩放来表现，还可以通过退底、剪切、重排、出血等技巧来实现。退底的图片可以比较直观地切入主题，显得比较醒目。对图片的剪切能够传达特定的含义：矩形图片显得正规低调，轮廓图显得开放自由，超出边框的剪切传达出动感，插图传达出象征意义及艺术感的视觉效果。对图片的重排可以表现出深度、动感和活力。出血的图片可以让视觉有延伸感。杂志目录图片出血示例如图 5-2-1 所示。总之，对图片的处理可以对版面起到画龙点睛的作用。

图 5-2-1　杂志目录图片出血示例

3. 杂志目录的简洁构架

从近几年获奖的目录设计作品所体现出的设计风格，我们可以看到，这些目录设计都在尽可能地舍去成段地走文、繁复的花线、多变的字体、冗余的花网，追求粗标题、小引文、大图片、块面结构的阳刚、直率之美，行文上很少拐弯，字体不超过三种，线条又粗又黑。这种简洁的编排方式可以让读者在短时间内对杂志内容一目了然，提高了单位时间、空间的阅读效率。此外，适当留白可以使人在读杂志时产生轻松、愉悦之感，让读者视觉得到放松和舒缓。可见，无论版面怎么创新，简洁和方便阅读始终是杂志目录设计的根本。

4. 杂志目录的版面编排设计

合理地利用版面节奏也能使杂志目录的设计产生美感。节奏美感的概念来自音乐，但也是版面编排设计上的常用形式。节奏是一种重复的循环，比如说形状的渐变，大小、长短的渐变等，体现出节奏的美感。一些好的杂志目录会让多个标题呈"梯形"排列，使目录版式设计产生音乐般的效果，或者在图片编排上运用大小渐变形成一种节奏感。总之，目录的构成要素组合形式越丰富、节奏感越强，就越容易排出有个性的版面。

任务实施：《新青年》杂志目录设计

☆任务实施：《新青年》杂志目录设计

01 新建文档，设置大小。设置宽度为"210毫米"、高度为"297毫米"、方向为纵向、页面为"8"、起点为"1"，如图5-2-2所示；点击"边距和分栏…"，设置边距和分栏为默认值，如图5-2-3所示。

图5-2-2 设置预设详细信息

02 根据前期搜集的素材，确定杂志版面分为视点、人物、文化、看世界、生活等栏目，每个栏目下有相应内容的文章。

03 使用左侧工具栏中的直排文字工具在第二页空白处绘制一个文本框，在文本框中输入"｜CONTENTS｜目录｜08"，设置"CONTENTS"字体为"黑体"、大小为"72点"，如图5-2-4所示；设置"｜"字体为"方正细等线简体"、大小为"72点"，设置"目录"字体为"黑体"、大小为"30 点"、颜色为黑色。其中,"08"的方向与其他字的方向是不同的,需要选中"08",在右侧字符选项(见图 5 - 2 - 5)中点击右上角图标,选择"直排内横排设置 ..."(见图 5 - 2 - 6),勾选"直排内横排(T)",点击"确定"(见图 5 - 2 - 7)。

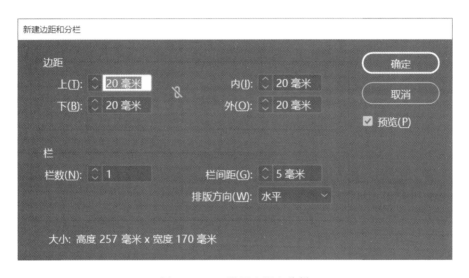

图 5 - 2 - 3 设置边距和分栏

图 5 - 2 - 4 选中"直排文字工具"

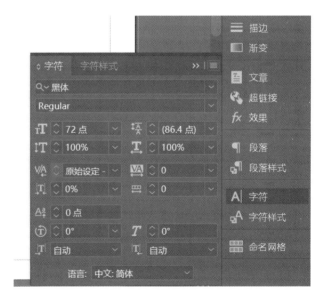

图 5 - 2 - 5 字符选项

04 使用左侧工具栏中的直线工具在第二页画一条直线,设置描边粗细为"2 点",如图 5 - 2 - 8 所示。

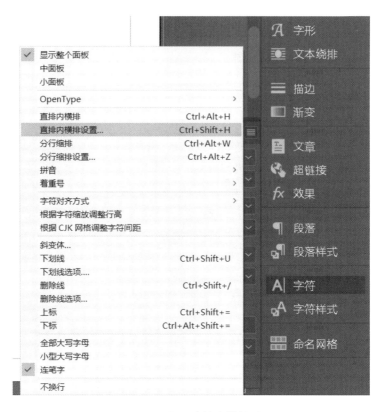

图 5-2-6 选择"直排内横排设置..."

图 5-2-7 "直排内横排设置"对话框

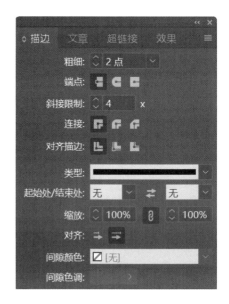

图 5-2-8 设置描边

05 使用左侧工具栏中的文字工具在直线下方绘制文本框，在文本框中分行输入"编

读往来　编读　/1""Hello""卷首语　游戏的边界是守真　本刊编辑部/2""Foreword"，设置字体为"方正超粗黑简体"、大小为"12点"、颜色为黑色。

06　选中直线，使用快捷键"Ctrl＋Alt"，同时拖动横线移动到页面中心处，设置描边粗细为"0.5点"；使用左侧工具栏中的文字工具绘制文本框，在文本框中分行输入"视点　你有你的GDP，我有我的家园梦　杨成伯　/5""View　眼见的未必就是真实　郝志舟　/7"，设置字体为"方正超粗黑简体"、大小为"12点"、颜色为黑色。

07　选中**04**步骤中的直线，按"Ctrl"键复制直线，并将复制的直线移动到文字下方合适的位置，设置描边粗细为"2点"，如图5-2-9所示。

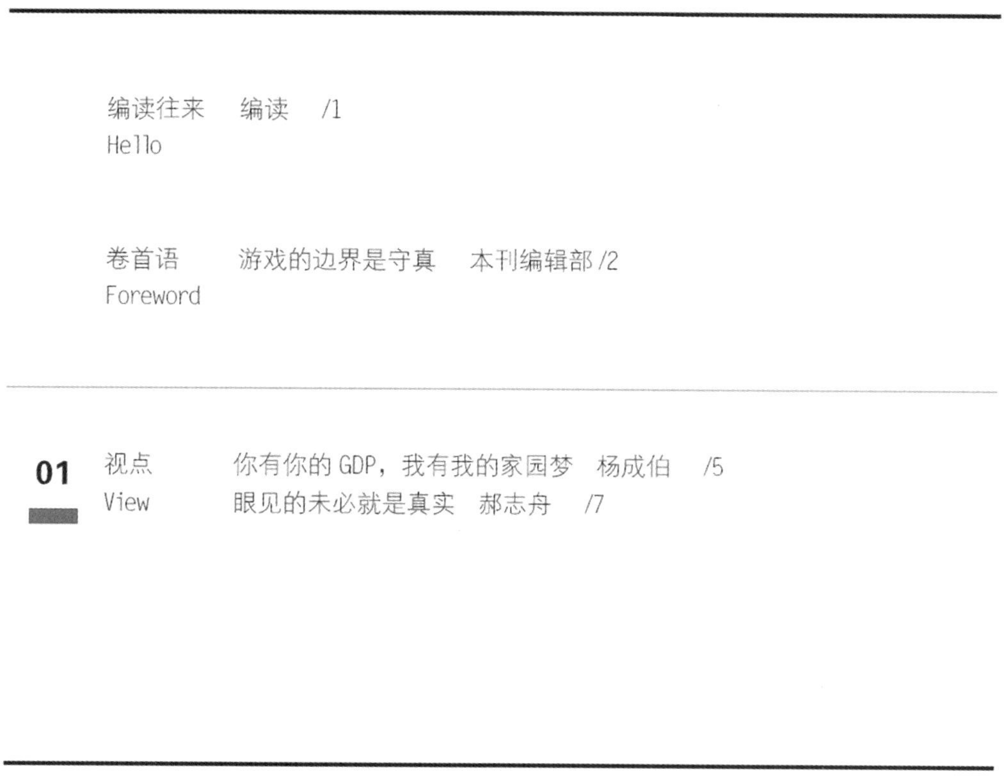

编读往来　　编读　　/1
Hello

卷首语　　游戏的边界是守真　　本刊编辑部/2
Foreword

01　视点　　你有你的GDP，我有我的家园梦　杨成伯　　/5
　　　View　　眼见的未必就是真实　郝志舟　　/7

图5-2-9　置入文字并设置字体格式

08　参照上面的步骤在第三页完成如图5-2-10所示中"人物""文化""看世界""生活"等栏目板块、"CHINAYOUTH"及直线的设计，设置后第三页效果如图5-2-10所示。

09　参照上面的步骤在第四页完成"CHINAYOUTH"及直线的设计，使用左侧工具栏中的自由变换工具（见图5-2-11）调整图片大小并移动到合适的位置；使用左侧工具栏中的文字工具在图片右侧绘制文本框，在文本框中分行输入"p-6""执政为民,""具体到拆迁,""更加温暖一些?""更加规范一些?""更加耐心一些?""更加细致一些?"

CHINAYOUTH

图 5-2-10　设置后第三页效果图

“p-26”“‘其实生活无非是”“‘柴米油盐酱醋茶’,”“但你可以把这七个字活成”“‘琴棋书画诗酒花’,”“而这一切全部在于”“我们自己。’”，设置字体为“方正超粗黑简体”、颜色为黑色，"p-6"和"p-26"大小为"30点"、其余字大小为"12点"，使用快捷键"Ctrl+D"置入图片素材，如图5-2-12所示。

图5-2-11 选中
自由变换工具

图5-2-12 设置文字

10 预览并导出。点击页面空白处，按"W"键进行预览，检查无误导出即可。最终效果如图5-2-13所示。

CONTENTS 目录

08

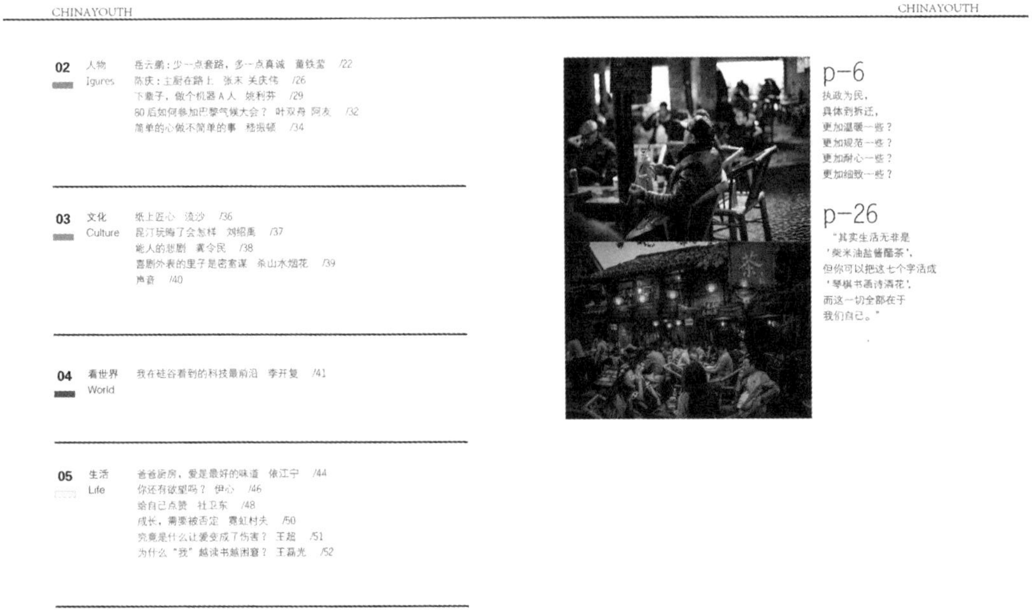

p-6
执政为民，
具体而拆迁，
更加温暖一些？
更加规范一些？
更加耐心一些？
更加短缩一些？

p-26
"其实生活无非是
'柴米油盐酱醋茶'，
但你可以把这七个字活成
'琴棋书画诗酒花'，
而这一切全都在于
我们自己。"

图 5-2-13　最终效果图

思考题

（1）思考杂志目录设计的流行趋势。

（2）与同学讨论各种类型杂志目录的特点。

任务三：杂志内页设计

任务描述

本任务主要是学习杂志内页设计的基本知识和技巧，以及通过学习韦东奕专题杂志内页设计，了解杂志内页设计的思路和方法，提高学生用 InDesign 软件进行杂志排版的能力，培养学生乐于学习、勤于思考的学习习惯。

任务要求

（1）掌握杂志内页的设计方法。

（2）掌握 InDesign 软件段落面板的使用方法。

（3）增强学生勤学乐思的科学精神。

知识链接

☆知识链接：
杂志内页设计

一、杂志内页的排版方式

杂志内页的排版方式大致分为对称式、交叉式、冲击式和模块式等。

对称式：讲究版面元素的工整对称，整体感和稳定感较强，具有一定的审美价值。杂志内页对称式排版通常用来表现内容互相联系且篇幅不太长的报道，有时也用来表现具有对比性质的稿件，以示一视同仁、客观公正。

交叉式：基本特点是注重稿件之间的穿插、咬合。杂志内页交叉式排版的标题横竖搭配，交替使用，避免碰题，讲究错落（见图5-3-1）。

图5-3-1 杂志内页交叉式排版示例

冲击式：对视觉构成强刺激的编排方式。杂志内页冲击式排版的主要特点是标题显赫、照片增大、线条粗黑、色调浓重、醒目夺人（见图5-3-2）。

图5-3-2 杂志内页冲击式排版示例

模块式：题文组合均呈四边形，不忌碰题，讲究块状错落（见图5-3-3）。杂志内页模块式排版的主要特点是版面简洁、整齐，清晰易读，便于读者快捷地获取信息，易于设计、排版和抽调样稿，十分适合电子排版。但此种排版方式运用不当易显呆板、单调。因此，在使用时要注意变换色块、照片、围框的位置和形状，适当增加版面的变化。

图5-3-3　杂志内页模块式排版示例

二、杂志内页设计需要注意的问题

1. 杂志内页的字体

字体是杂志的"表情"，大标宋和超粗黑是容易出彩的字体（见图5-3-4和图5-3-5）。一本杂志中的字体不宜超过三种，否则就会有杂乱的感觉。杂志中音乐类的栏目可以用一些绚烂明亮的颜色；资讯类的栏目用冷色调的字体较好，给人沉稳的意象。

图5-3-4　大标宋字体示例

图 5-3-5　超粗黑字体示例

2. 杂志内页设计中的图片

《国家地理杂志》较有名的是它的图片（见图 5-3-6），遍布全世界的摄影师是它的一大特点。在国内，《新周刊》的图片是它的卖点之一，其新闻杂志用的图片全是由自己公司摄影师所拍，具有强烈的现场感（见图 5-3-7）。

图 5-3-6　《国家地理杂志》内页示例

图 5 - 3 - 7 《新周刊》杂志内页示例

3. 杂志内页的设计颜色

颜色的挑选、运用对杂志内页的设计起到至关重要的作用。在进行内页设计时需对其颜色进行一个大体的构思。

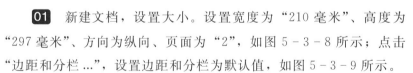 任务实施：韦东奕专题杂志内页设计

根据前期搜集的素材，确定本任务编辑的杂志内页文章为热点事件——北京大学数学系韦东奕手拿馒头、矿泉水瓶走红，并整理成文章。

☆任务实施：
韦东奕专题
杂志内页设计

01 新建文档，设置大小。设置宽度为"210 毫米"、高度为"297 毫米"、方向为纵向、页面为"2"，如图 5 - 3 - 8 所示；点击"边距和分栏…"，设置边距和分栏为默认值，如图 5 - 3 - 9 所示。

02 使用快捷键"Ctrl＋D"置入相应的图片素材，选中左侧工具栏中的自由变换工具（见图 5 - 3 - 10），按"Shift"键，将图片等比例的调整到合适的大小并移动到合适的位置。置入图片并调整后效果如图 5 - 3 - 11 所示。

图 5 - 3 - 8 设置预设详细信息

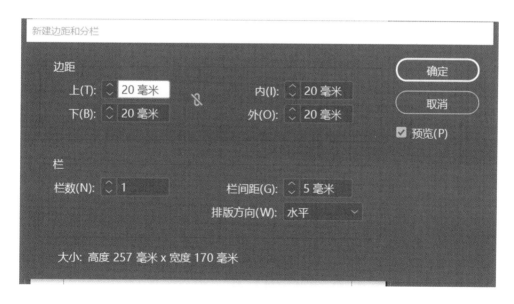

图 5 - 3 - 9 设置边距和分栏

03 使用左侧工具栏中的文字工具绘制文本框，在文本框中分行输入"韦东奕""如果优秀太难，""那就努力做一个成熟的人吧。"，设置字体为"黑体"、大小为"14 点"、行距为"17 点"、对齐方式为左对齐，如图 5 - 3 - 12 和图 5 - 3 - 13 所示。

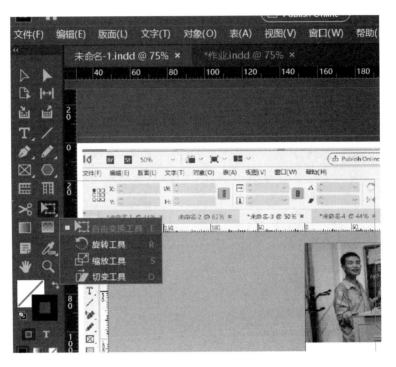

图 5-3-10　选中自由变换工具

图 5-3-11　置入图片并调整后效果图

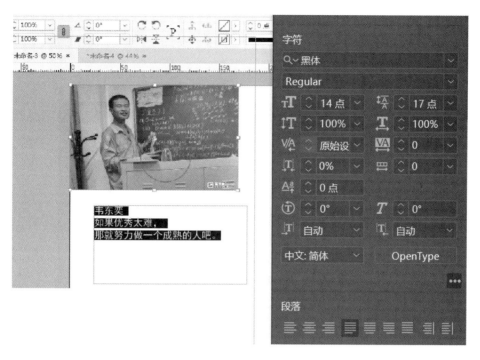

图 5 - 3 - 12　设置文字

图 5 - 3 - 13　调整后效果图

04 使用左侧工具栏中的文字工具绘制文本框，选中文本框，点击上方菜单栏中"对象（O）"→"文本框架选项（X）"，在常规选项中设置栏数为"2"，如图 5-3-14 所示。栏数调整后效果如图 5-3-15 所示。

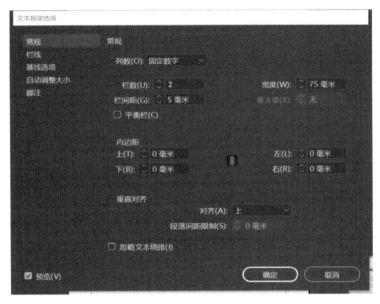

图 5-3-14　设置栏数

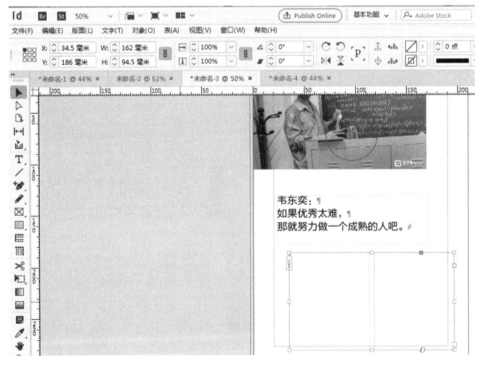

图 5-3-15　设置栏数后效果图

05 在分栏后的文本框中输入相应文字，设置字体为"方正粗黑宋简体"、大小为"8点"、行距为"11点"、对齐方式为双齐末行齐左，如图5-3-16所示。

图5-3-16 设置文字

06 在右侧属性选项中，点击段落样式右下角的"…"，并在显示的文本样式中点击右下角的"＋"新建一个段落样式，在弹出的"段落样式选项"对话框（见图5-3-17）的常规选项中，设置样式名称为"段落样式1"；在基本字符格式选项中，设置字体为"方正粗黑宋简体"、大小为"8点"、行距为"11点"，如图5-3-18所示；在缩进和间距选项中，设置对齐方式为双齐末行齐左、首行缩进为"4毫米"。根据排版要求可以对其他选项进行调整，还可以采用同样的方法设置小标题的样式。

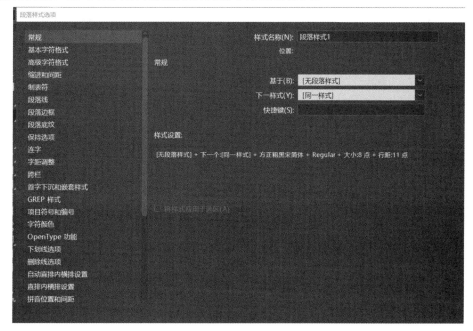

图5-3-17 "段落样式选项"对话框

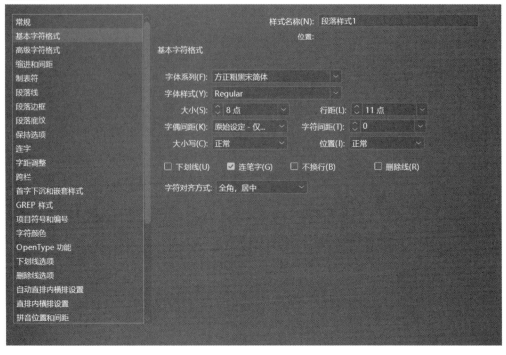

图 5 - 3 - 18 设置基本字符格式

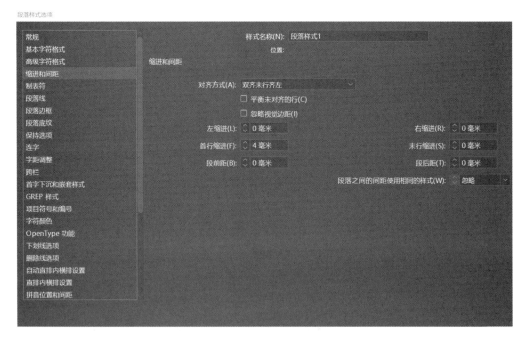

图 5 - 3 - 19 设置缩进和间距

07　应用设定的段落和标题样式后的效果预览如图 5-3-20 所示。

图 5-3-20　效果预览图

思考题

（1）翻阅国内其他杂志，试分析不同杂志类型适合哪种排版模式？

（2）与同学交流本任务所学知识，并思考杂志内页的构成分为哪几个部分？

项目六

保护海洋公益海报设计

— 项目导读 ——————————————————————————

　　全国大中学生海洋文化创意设计大赛（以下简称"大赛"）作为海洋文化传播和创意的新平台始于 2012 年，大赛由国家海洋局宣传教育中心和中国海洋大学共同创办，从第五届开始自然资源部北海局、中国海洋发展基金会和海南热带海洋学院也加入主办方队伍。大赛是"世界海洋日暨全国海洋宣传日"系列活动内容之一，是以海洋文化创意为主题的公益大赛。

　　通过本项目的学习，希望同学们创造出高质量的海洋文化公益海报，对前期学习的排版方法进行总结和提升。同时培养学生创新精神和实践能力，增强学生保护海洋的意识，在学生中营造关注海洋、热爱海洋、保护海洋的良好氛围。

— 教学目标 ——————————————————————————

　　（1）掌握 InDesign 软件文字设置的方法。

　　（2）掌握 InDesign 软件图形绘制和填充的方法。

　　（3）增强学生对海洋和海洋生物的关注和保护意识。

任务描述

　　21世纪是海洋的世纪，培育和弘扬海洋文化是海洋强国建设的重要内容。中华民族创造、传承、发展了历史悠久、积淀深厚、内涵丰富的海洋文化。当前，举国上下正致力于开发海洋资源，发展海洋经济，保护海洋环境，维护海洋权益，努力建设海洋强国。这不仅需要发展海洋科技、海洋经济等"硬实力"，还需要不断提升海洋政治影响力、海洋文化感召力等"软实力"。由国家海洋局宣传教育中心、中国海洋大学、自然资源部北海局、中国海洋发展基金会和海南热带海洋学院共同举办的全国大中学生海洋文化创意设计大赛引导全国大中学生从海洋文化的视角，通过多姿多彩的创意作品，诗情画意地表达对海洋强国的梦想、认知与感受，在大中学生中普及海洋知识，激发创意灵感，培养创新精神和实践能力。

任务要求

（1）掌握公益海报的设计和参赛方法。
（2）掌握 InDesign 软件图形绘制和填充的方法。

知识链接

☆知识链接：
保护海洋公益
比赛

一、大赛介绍

　　全国大中学生海洋文化创意设计大赛是"世界海洋日暨全国海洋宣传日"系列活动内容之一，是以海洋文化创意为主题的公益大赛。大赛以"普及海洋知识、传播海洋文化，满足人民对美好精神文化的需求、创造美好生活"为主旨，2012年以来分别以"海洋·人类·和谐""美丽海洋""海洋强国梦""丝路海洋""创意海洋""智慧海洋""透明海洋""生态海洋"和"资源海洋"为主题成功举办了九届，共有1500余所高校、290余所中学参赛，覆盖国内所有省、自治区、直辖市。大赛获奖作品在我国大陆和我国台湾地区150余所高校巡回展出，并于2014年6月在美国华盛顿世界海洋大会上展出，在国内外都产生了热烈反响。大赛组委会于2021年"世界海洋日暨全国海洋宣传日"活动期间，以"经略海洋"为主题，秉承"创新、协调、绿色、开放、共享"的发展理念，举办全国大中学生第十届海洋文化创意设计大赛，通过大赛的系列活动，为全国大中学生、社会各界搭建一个关心海洋、认识海洋、经略海洋的展示和交流平台，为我国海洋强国战略做出贡献。

二、第十届大赛主题——经略海洋

　　我国是陆地大国，也是海洋大国。经过多年发展，我国海洋事业进入了历史上最好的发展时期。筹划治理海洋进入一个全新的时期，"碧海银滩也是金山银山"，经略海洋是我国建设海洋强国的必由之路。"经略海洋"高度体现了开发和利用海洋的新时代海洋理念，就是既要发展海洋经济，又要保护海洋生态环境；既要提高海洋开发能力，又要推动海洋科技水平进步；既要着眼于国内国际统筹，实现合作共赢，又要坚持陆海统筹，保证人海和谐。通过"经略海洋"发展蓝色海洋经济，全面推进海洋强国建设。大赛以"经略海洋"为主题，参赛者可围绕如何强化全民海洋意识、开发利用和保护海洋、实现海洋可持续发展以及维护海洋权益、强化海洋执法、提升海洋科技水平等方面展开创意设计，最终通过"经略海洋"创意，以人类特有的智慧创造美好生活，推动海洋生态文明建设，使海洋事业发展更好地服务于我国经济和社会全面的协调与可持续发展。

三、平面设计类公益海报作品命题

关心海洋、认识海洋、经略海洋

科学用海　科技兴海

保护珊瑚礁　呵护海洋生态

海上丝路　互惠互通

绿水青山　金山银山

守护美丽岸线　我们共同行动

蓝天·碧水·净土

发展海洋经济　建设海洋强国

"警钟长鸣，铭记历史教训"——刘公岛爱国主义教育基地

四、大学组平面设计作品提交方式

平面设计、环境景观、产品设计等先在网站注册作者信息（选择参赛组别，作品类别要正确），再按照要求上传作品（JPG 格式，RGB 模式，分辨率为 300 dpi，每幅作品在 2 兆左右，A4 画面，系列作品不得超过 4 幅，请用 PC 机器，360 浏览器上传作品）。绘画及手绘作品拍照扫描转成 JPG 格式。作品用 A3 纸数码打印并装裱在黑卡纸上（尺寸 35 厘米×50 厘米），系列作品背面用胶带粘贴在一起，把生成作品编号用双面胶贴在黑卡纸背面，用顺丰快递邮寄。设计作品邮寄地址：山东省青岛市崂山区松岭路 238 号，中国海洋大学海洋文化创意设计发展中心，电话：0532 - 66781828。

五、往届优秀作品欣赏

往届优秀作品如图 6-1-1～图 6-1-6 所示。

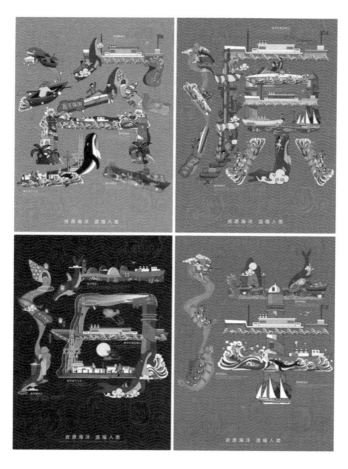

图 6-1-1　银奖/资源海洋（系列）/赵越/四川轻化工大学/指导教师杨剑

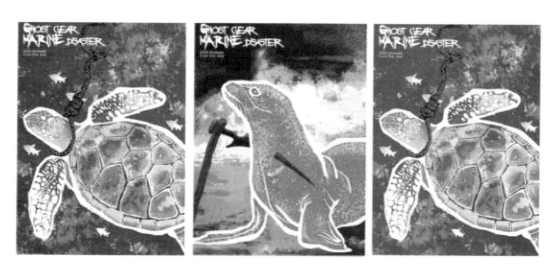

图 6-1-2　银奖/幽灵渔具海洋灾难（系列）/钱诺/绍兴文理学院/指导教师张春盛

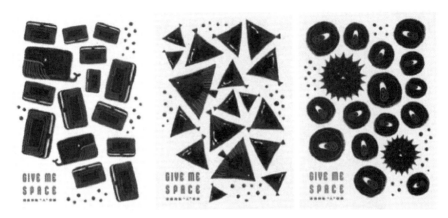

图 6-1-3　银奖/私"人"空间（系列）/徐慧、刘志鹏/河北地质大学/指导教师陈慧娟、赵乃华

图 6-1-4　银奖/蓝天·碧水·净土（系列）/陈思言/四川大学/指导教师许亮

图 6-1-5　金奖/孤岛/邓乐/
四川大学/指导教师许亮

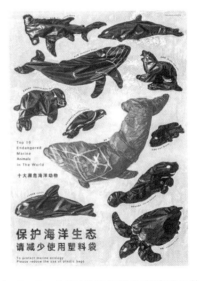

图 6-1-6　金奖/保护海洋生态请减少使用
塑料袋/赵浦普/广西艺术学院/指导教师梁新建

任务实施：保护海洋公益海报设计

01　新建文档，设置大小。打开 InDesign 软件，点击左侧"新建…"按钮，如图 6-1-7 所示；在弹出的"新建文档"对话框里保持默认设置，如图 6-1-8 所示；点击"边距和分栏…"，设置边距和分栏为默认值，如图 6-1-9 所示。

☆ **任务实施：**
保护海洋公益
海报设计

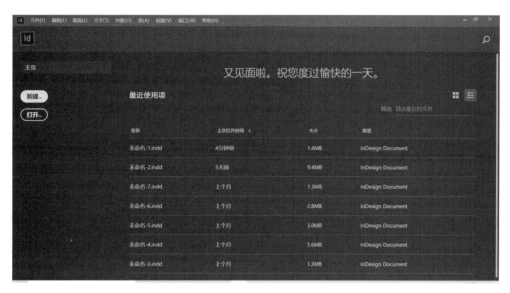

图 6-1-7　新建文档

图 6-1-8　设置预设详细信息

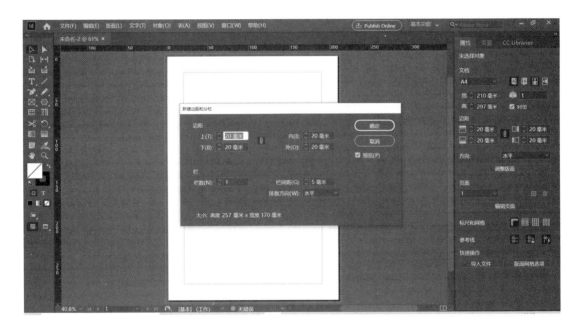

图 6-1-9　设置边距和分栏

02　设置背景。使用左侧工具栏中的矩形工具沿出血线绘制一个矩形，在右侧属性面板中设置描边为"无"，如图 6-1-10 所示；选中左侧工具栏中的填色，在"拾色器"对话框中设置颜色为 C＝87、M＝60、Y＝9、K＝0，如图 6-1-11 和图 6-1-12 所示；

图 6-1-10　选中矩形工具

选中矩形，点击鼠标右键，选择"锁定（L）"（见图 6 - 1 - 13）进行锁定矩形，以便接下来的操作矩形不会移位。如果想解除矩形的锁定状态，可以点击上方菜单栏中"对象（O）"→"解锁跨页上的所有内容（K）"，如图 6 - 1 - 14 所示。

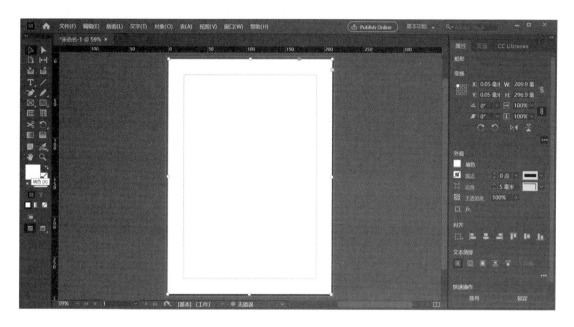

图 6 - 1 - 11　选中填色

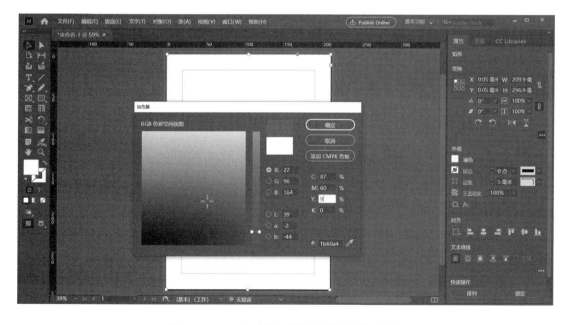

图 6 - 1 - 12　在"拾色器"对话框中设置颜色

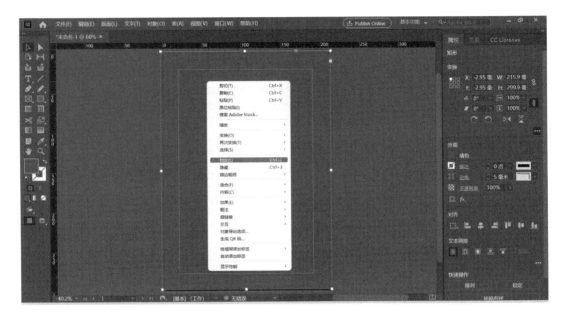

图 6-1-13 锁定矩形

图 6-1-14 解除锁定

03 设置文本。

（1）使用左侧工具栏中的文字工具绘制文本框，在文本框中输入"请珍惜我们的家园"，设置字体为"方正大标宋 GBK"、大小为"60 点"、颜色为纸色，如图 6-1-15 所示；设置"珍惜"的字体颜色为黄色，如图 6-1-16 所示；在"请珍惜"前后各输入一个爱心，用键盘输入拼音"xin"时选择爱心图形即可（见图 6-1-17），设置爱心图形的大小为"24点";设置段落为"居中对齐",如图6-1-18所示。

图6-1-15　设置文字"请珍惜我们的家园"

图6-1-16　设置"珍惜"的字体颜色

(2)使用左侧工具栏中的文字工具绘制一个新文本框,在新文本框中输入"Please cherish our home home",选中文本,点击上方菜单栏中"文字(T)"→"更改大小写(E)"→"大写(U)",将全部英文调整为大写,如图6-1-19所示;设置字体为

图 6-1-17　设置爱心图形

"Microsoft JhengHei"、大小为"17.5 点",设置段落为"居中对齐",如图 6-1-20 所示；选中左侧工具栏中的填色,在拾色器中设置字体颜色为 C＝27、M＝3、Y＝7、K＝0,点击"添加 CMYK 色板"将该颜色添加到色板里,如图 6-1-21 所示,方便以后使用。

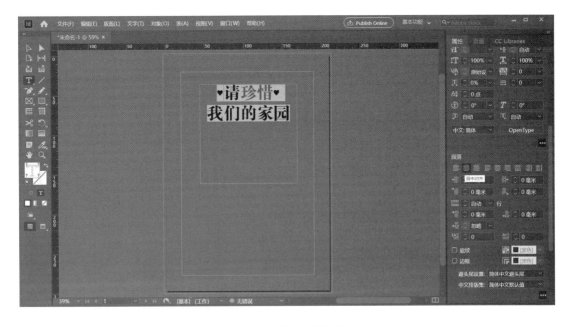

图 6-1-18　设置段落

图 6-1-19　文字更改大小写

图 6-1-20　设置文字

（3）使用左侧工具栏中的文字工具绘制一个新文本框，在新文本框中输入"SEA"，设置字体为"Baskerville Old Face"、大小为"26点"、颜色为纸色，如图 6-1-22 所示；

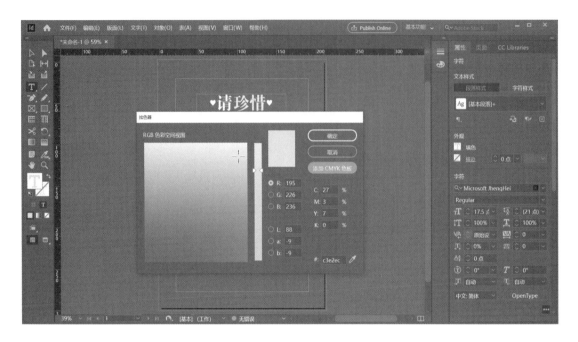

图 6-1-21 设置颜色

选中文本框，在右侧属性面板中将不透明度调整为"50％"，如图 6-1-23 所示；选中文本框，移动到合适的位置。

图 6-1-22 设置文字

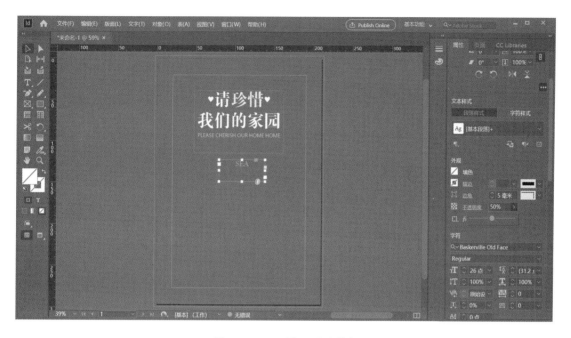

图 6-1-23　设置不透明度

（4）使用左侧工具栏中的文字工具绘制一个新文本框，在新文本框中输入"保护海洋生态平衡"，设置字体为"黑体"、大小为"18 点"，字符间距为"60"、颜色为纸色，选中文本框，移动到合适的位置，如图 6-1-24 和图 6-1-25 所示。

图 6-1-24　设置字符间距

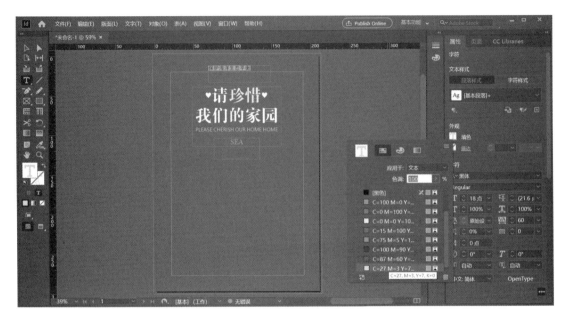

图 6-1-25　设置颜色

（5）使用左侧工具栏中的文字工具绘制两个新文本框，在新文本框中分别输入"手拉手保护海洋环境""心连心传承海洋文明"，设置字体为"方正黑体 GBK"、大小为"18点"、颜色为纸色，如图 6-1-26 所示；选中文本框，调整文本框宽度，使其单列显示；设置段落为"居中对齐"，行距为"3"行，如图 6-1-27 所示。

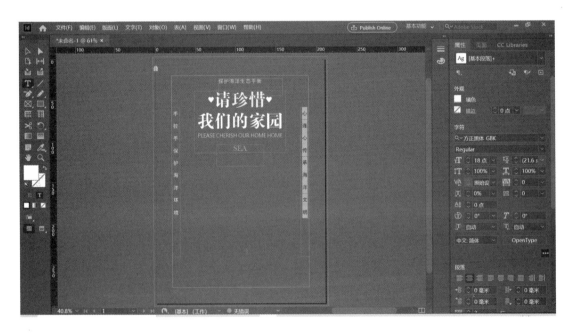

图 6-1-26　设置文字

图 6-1-27　设置段落

04　导入素材。使用快捷键"Ctrl+D"置入素材图片，如图 6-1-28 所示；对置入的素材图片进行大小和位置的调整，如图 6-1-29 所示。

图 6-1-28　置入素材图片

05　预览并导出。点击页面空白处，按"W"键进行预览，检查无误导出即可。效果如图6-1-30所示。

图 6-1-29 调整素材大小和位置

图 6-1-30 最终效果图

思考题

（1）我们为什么要进行公益海报创作？

（2）我们可以结合自己的专业知识为保护海洋做些什么？

项目七

党的二十大宣传海报设计

▬ 项目导读 ▬

中国共产党第二十次全国代表大会（以下简称"党的二十大"）于 2022 年 10 月 16 日在北京召开，党的二十大是在全党全国各族人民迈上全面建设社会主义现代化国家新征程、向第二个百年奋斗目标进军的关键时刻召开的一次十分重要的大会。党的二十大的主题：高举中国特色社会主义伟大旗帜，全面贯彻新时代中国特色社会主义思想，弘扬伟大建党精神，自信自强、守正创新，踔厉奋发、勇毅前行，为全面建设社会主义现代化国家、全面推进中华民族伟大复兴而团结奋斗。通过本项目的学习，学生能够深入贯彻学习、认真领会党的二十大会议精神，从而在实际行动中贯彻执行党的二十大精神。

▬ 教学目标 ▬

（1）掌握主题海报的常用设计元素。

（2）了解党的二十大主题和精神。

任务描述

通过设计党的二十大宣传海报，学生回顾文字排版的层级方法，掌握海报设计中象征性文化设计元素的使用方法，从而对党的二十大精神有更深刻的了解，进一步提升设计能力。

任务要求

（1）掌握 InDesign 软件中文字渐变效果的使用方法。
（2）掌握海报设计中象征性文化设计元素的使用方法。

知识链接

红色主题海报指的是与党和国家有关的节日或者庆典活动中使用的海报。通常在设计这类海报时，应注重选择能够体现党和国家象征性的物体或元素。红色主题海报中的常用设计元素如下。

（1）天安门。天安门位于北京市的中心、故宫的南端。1949 年 10 月 1 日，在这里举行了中华人民共和国开国大典，由此被设计入国徽，并成为中华人民共和国的象征。1961年，中华人民共和国国务院公布其为第一批全国重点文物保护单位之一。

（2）华表。华表是一种中国古代传统建筑形式，属于古代宫殿、陵墓等大型建筑物前作为装饰的巨大石柱。相传华表是部落时代的一种图腾标志，古称桓表，以一种望柱的形式出现，富有深厚的中国传统文化内涵，散发出中国传统文化的精神、气质、神韵。

天安门前后的华表分别象征着"望帝出"和"望帝归"。天安门前后的两对华表，巧妙点缀了整个精美的故宫建筑群，增强了古老建筑艺术的整体感。

（3）红色丝带、绸带、旗帜。在海报设计中，经常使用红色的丝带、绸带、旗帜等元素作为修饰和点缀，从而增加设计画面的动感。

（4）和平鸽。和平鸽是和平、友谊、团结和圣洁的象征。世界很多城市和广场上，都豢养着鸽子。

在比利时的布鲁塞尔，迄今还矗立着一个妇女的塑像，双手托着一只鸽子和花迎接游客，让人们牢记战争的不幸，珍惜和平、热爱生活。鸽子作为和平的使者，也是世界重大盛世中必不可少的角色之一，所以和平鸽也是红色主题海报设计中经常用到的元素之一。

任务实施：党的二十大宣传海报设计

01 新建文档，设置大小。设置宽度为"210毫米"、高度为"297毫米"；点击"边距和分栏…"，设置边距为"0毫米"、分栏为默认值，如图 7-1-1 所示。

☆**任务实施：党的二十大宣传海报设计**

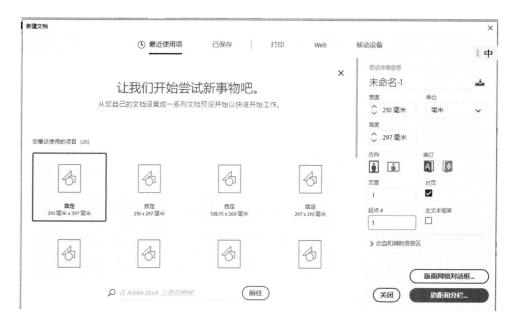

图 7-1-1　设置预设详细信息

02 设置渐变背景。使用左侧工具栏中的矩形工具在画面上半部分绘制矩形，并在窗口菜单中打开渐变面板和颜色面板。选择渐变类型为线性渐变，并设置起始色标值和结束色标值如图 7-1-2 和图 7-1-3 所示。

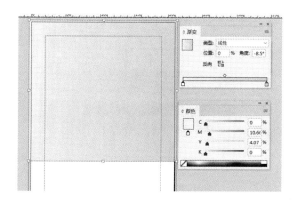

图 7-1-2　起始色标值

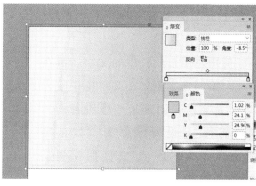

图 7-1-3　结束色标值

03 排版海报主题元素。使用快捷键"Ctrl＋D"置入天坛图片，并调整合适的大小，同时调整位置至画面水平中心；使用左侧工具栏中的矩形工具在天坛图片下方绘制 2 个并排的矩形，并填充为合适的颜色；使用左侧工具栏中的文字工具在矩形上绘制文本框，在文本框中输入"不忘初心 牢记使命"，设置字体为"方正黑体"、大小为"15 点"，并设置合适的颜色，如图 7-1-4 所示。

04 设置海报大标题。使用左侧工具栏中的文字工具绘制文本框，在文本框中分行输入"喜迎二十大""永远跟党走"，设置字体为"方正超粗黑"、大小为"80 点"、描边为纸色、粗细为"1 点"；使用渐变面板设置渐变颜色，设置色标值如图 7-1-5 所示。

图 7-1-4 排版海报主题元素

图 7-1-5 设置海报大标题

05 设置标题下反色字。使用左侧工具栏中的矩形工具在合适的位置绘制矩形，并填充为红色，设置描边为"无"。点击上方菜单栏中"对象（O）"→"角选项（I）"，设置转角大小为"5 毫米"、形状为圆角，如图 7-1-6 所示。

使用左侧工具栏中的文字工具在矩形上绘制文本框，在文本框中输入"以史为鉴 开创未来 埋头苦干 勇毅前行"，设置字体为"方正黑体"、大小为"18 点"；使用左侧工具栏中的多边形工具在文字两侧绘制

图 7-1-6 设置矩形

五角星，选中五角星调整到合适的大小和位置，如图 7-1-7 所示。

06 按照如图7-1-8所示的样式，使用左侧工具栏中的直线工具在矩形下方绘制直线；使用左侧工具栏中的多边形工具绘制五角星，并调整到合适的大小和位置；使用左侧工具栏中的文字工具在五角星下方绘制文本框，在文本框中分行输入"为实现第二个百年奋斗目标""实现中华民族伟大复兴的中国梦而不懈努力"，设置字体为"方正黑体"、大小为"18点"。

图7-1-7 设置标题下反色字

07 按照如图7-1-9所示的样式，使用左侧工具栏中的文字工具在画面左右两侧绘制文本框，在文本框中输入修饰文字，设置中文字体为"方正黑体"、英文字体为"Arial"，并为文字设置合适的大小。使用左侧工具栏中的多边形工具在文字下绘制五角星进行修饰，使用左侧工具栏中的直线工具绘制虚线和斜线进行画面修饰。

图7-1-8 绘制图形，增加文字

图7-1-9 左右两侧置入文字和修饰

08 海报下半部分的设计和排版。使用快捷键"Ctrl＋D"置入背景图片和党徽图片，并调整到合适的大小和位置；使用左侧工具栏中的文字工具在党徽正下方绘制文本框，在文本框中输入如图7-1-10所示的文字，选择合适的字体，并调整到合适的大小；使用左侧工具栏中的多边形工具按照图7-1-10所示绘制五角星，并调整到合适的大小和位置。

09 预览并导出。点击页面空白处，按"W"键进行预览，检查无误导出即可。最终效果如图7-1-11所示。

图 7-1-10 海报下半部分的设计和排版

图 7-1-11 最终效果图

思考题

（1）作为青年学生，应当在实际生活和学习中如何贯彻和学习党的二十大精神？

（2）在海报设计中，有哪些元素可以运用到党建主题中？

参 考 文 献

［1］顾燕.版式设计基础与实战［M］.北京：人民邮电出版社，2019.

［2］印慈江久多衣.版式力：提升版面设计的留白法则［M］.张瑜，译.北京：中国青年出版社，2019.

［3］周建国，常丹.InDesign CC 版式设计标准教程［M］.北京：人民邮电出版社，2016.

［4］任莉.版式设计［M］.北京：人民邮电出版社，2020.

［5］张爱民.版式设计［M］.2 版.北京：中国轻工业出版社，2018.

［6］黄玮雯，张磊.版式设计项目教程［M］.重庆：重庆大学出版社，2018.

［7］赵瑞波.版式设计与应用［M］.昆明：云南大学出版社，2016.

［8］孙妍.平面设计基础的实用性表达［M］.长春：吉林美术出版社，2018.

［9］陈伟华，岳超.InDesign CC 实例教程：微课版［M］.北京：人民邮电出版社，2021.

［10］徐继义.平面设计视觉审美元素构成研究［M］.长春：吉林美术出版社，2018.

［11］胡卫军.版式设计从入门到精通［M］.4 版.北京：人民邮电出版社，2022.

［12］侯维静.版式设计基础与实战：小白的进阶学习之路［M］.北京：人民邮电出版社，2022.